Einfluss der Molekülstruktur auf die CO_2-Abtrennung mit wässrigen Aminlösungen aus Rauchgasen fossil befeuerter Kraftwerke

Von der Fakultät Energie-, Verfahrens- und Biotechnik
der Universität Stuttgart zur Erlangung der Würde eines Doktors der
Ingenieurwissenschaften (Dr.-Ing.) genehmigte Abhandlung

vorgelegt von

Kevin Brechtel

aus Annweiler

Hauptberichter: Prof. Dr. techn. Günter Scheffknecht
Mitberichter: Prof. Dr.-Ing. habil. Klaus Görner

Tag der mündlichen Prüfung: 21.02.2011

Institut für Feuerungs- und Kraftwerkstechnik (IFK)
der Universität Stuttgart
2011

Bibliografische Information der Deutschen Nationalbibliothek
Die Deutsche Nationalbibliothek verzeichnet diese Publikation in der Deutschen Nationalbibliografie; detaillierte bibliografische Daten sind im Internet über http://dnb.d-nb.de abrufbar.
1. Aufl. - Göttingen : Cuvillier, 2011
Zugl.: Stuttgart, Univ., Diss., 2011

978-3-86955-690-1

Dissertation der Universität Stuttgart - D93

Nonnenstieg 8, 37075 Göttingen
Telefon: 0551-54724-0
Telefax: 0551-54724-21
www.cuvillier.de

1. Auflage, 2011
Gedruckt auf säurefreiem Papier

978-3-86955-690-1

DANKSAGUNG

Diese Arbeit entstand während meiner Tätigkeit als Mitarbeiter am Institut für Feuerungs- und Kraftwerkstechnik der Universität Stuttgart. Herrn Prof. Scheffknecht möchte ich für die Ratschläge zu dieser Arbeit und die Übernahme des Hauptberichts danken. Ebenso gilt mein Dank Herrn Prof. Görner für die Übernahme des Mitberichts.

Herzlich danken möchte ich Herrn Dr. Unterberger für die – wenn auch kurz – gemeinsame Zeit am IFK. Großen Dank gebührt ihm für die ausgiebigen und konstruktiven Diskussionen über die experimentellen Untersuchungen dieser Arbeit sowie seine stets freundliche und aufmunternde Art, mit all den Problemen des Forschungsalltags umzugehen. Des Weiteren möchte ich Herrn Dr. Thorwarth danken, der uns alle stetig antrieb, neue Ideen auszuprobieren.
Ein großes Dankeschön auch an meine Abteilung: Anke, Barna, Katharina, Katrin, Oliver, Paula, Silvio und Tobias sowie unser Laborteam Kay, Mario, Theres, Wiliana und Wolfgang. Danke für all die Ergebnisse, die Diskussionen und die Ideen, ohne die das Arbeiten nur halb so interessant und spannend wäre.
Ein Dankeschön auch an unser Werkstattteam, das unzählige Versuchsanlagen konstruieren durfte und mit meinen Konzepten hin und wieder seine Mühe hatte.
Danken möchte ich auch Vladimir, der während seiner Zeit am IFK als König des Technikums alles und jeden zum Laufen brachte und immer für Diskussionen und neue Ideen zu haben war.
„Unser Dieter“ war und wird immer mit Rat und Tat zur Seite stehen. Mit seinen Ideen für messtechnische Fragestellungen, seinen Engagement und seiner Freundlichkeit war er nicht nur im Arbeitsalltag immer zur Stelle, wofür ich ihm herzlich danken möchte.
Danken möchte ich auch Herrn Dr. Greißl, der mir die Welt der Kraftwerkstechnik zeigen durfte und mein ständiges „Warum“ ertragen musste. Dennoch hatte er immer eine Antwort und wusste auch stets die ein oder andere spannende Geschichte über Rehe und Jagd(un)glück zu erzählen.
Die „Bildungshappen“ der Kafferunde und der Kochclub waren immer eine willkommene Abwechslung zur Arbeit und sicherlich weit mehr als gemeinsames Arbeiten.
Nicht zu vergessen ist Uschi. Ohne Uschi wäre das IFK nicht das was es ist: Danke.

Der größte Dank gebührt sicherlich an Nancy, Ben und Pünktchen, die mir jeden Tag aufs neue zeigen, was eigentlich im Leben wirklich wichtig ist. Ohne sie, wäre dies alles nicht möglich gewesen.

FÜR MEINE FAMILIE

Inhalt

Abkürzungen und Formeln

Abkürzungen

BHKW	Blockheizkraftwerk
BImSchV	Bundesimmisionsschutzverordnung
CASTOR	From Capture to Storage (EU-Projekt)
CATO; CATO-2	CO_2 Capture, Transport and Storage in the Netherlands (Holländische Forschungsprojekte)
CESAR	CO_2 Enhanced Separation and Recovery (EU-Projekt)
EOR	Enhanced Oil Recovery
EU	Europäische Union
IGCC	Integrated Gasification Combined Cycle
KS-1; KS-2; KS-3	Kurzbezeichnung für spezielle Waschlösungen
KP-1	Kurzbezeichnung für spezielle Packung
MHI	Mitsubishi Heavy Industries
REA	Rauchgasentschwefelungsanlage
TNO	Niederländische Forschungseinrichtung

Kennwerte

A_{mol}	fiktive Arbeitskapazität	[mol CO_2/ mol Amin]
A_L	fiktive Aufnahmekapazität	[g CO_2/ kg Lösung]
$\alpha_{40°C}$	Gleichgewichtsbeladung bei 40°C	[mol CO_2/ mol Amin]
$\alpha_{90°C}$	Gleichgewichtsbeladung bei 90°C	[mol CO_2/ mol Amin]
$c_{"Amin"}$	Aminanteil	[%]
M_{CO2}	Molare Masse CO_2	[g/ mol]
$M_{„Amin“}$	Molare Masse des jeweiligen Amins	[g/ mol]
P	Potential des Amins	[mol Amin/ mol CO_2]

Indizes

N	Normzustand (0°C, 1013mbar)
mol	Bezugsgröße „Mol“
L	Bezugsgröße „Waschmittelmasse“
40°C, 90°C	Versuchstemperatur

Chemische Formeln und Stoffe

B	Base
$CaCO_3$	Calziumcarbonat
CaO	Calziumoxid
CH_2	Alkylgruppe
CO	Kohlenstoffmonoxid
CO_2	Kohlenstoffdioxid
HCl	Salzsäure
H_2	Wasserstoff
H_2O	Wasser
H_2CO_3	Kohlensäure
HCO_3^-	Hydrogencarbonat-Ion/ Bicarbonat
HNO_3	Salpetersäure
H_2SO_4	Schwefelsäure
H^+	Wasserstoffproton
$HO\text{-}CH_2\text{-}CH_2\text{-}NHCOO^-$	Carbamat-Ion von MEA
$HO\text{-}CH_2\text{-}CH_2\text{-}NH_2$	MEA-Molekül
N_2	Stickstoff
NO_2	Stickstoffdioxid
NO_x	Stickoxide/ Summenschreibweise für NO und NO_2
O_2	Sauerstoff
OH^-	Hydroxid-Ion
R_1; R_2; R_3	Molekülseitenketten
SO_2, SO_3	Schwefeldioxid, Schwefeltrioxid
AB	Aminobutanol/ 2-Amino-1-butanol
AP-Kette	Aminopropanol/ 3-Aminopropanol
AEAE	Aminoethylaminoethanol/ 2-(2-Aminoethylamino)-ethanol
AEE	Aminoethoxyethanol/ 2-(2-Aminoethoxy)-ethanol
AMP	Aminomethylpropanol/ 2-Amino-2-methyl-1-propanol
BAE	Butylaminoethanol
DEA	Diethanolamin/ 2,2'-Iminobisethanol
DETA	Diethylaminoehtanol
EAE	Ethylaminoethanol
MAE	Methylaminoethanol
MDEA	Methyldiaminoethanol/ 2,2'-Methyliminodiethanol
MEA	Monoethanolamin/ 2-Aminoethanol
TETA	Triethyltetramin
TEPA	Triethylpentamin

Abstract

Global warming and the reduction of CO_2-emissions are important topics for the public acceptance of fossil energy production. The use of lignite and hard coal, which represents 44% in the power production in Germany, is related with high CO_2-emissions and is a promising source for any CO_2 reduction option. While optimization, increasing energy efficiency or the use of regenerative energies focus on the minimization of CO_2-emissions for the used technology, carbon capture and storage is the only option for a significant decrease of the CO_2-emissions as far as fossil fuels are considered. Therefore different technical options like IGCC (integrated gasification combined cycle), oxyfuel combustion and post combustion capture processes are possible, although the amine scrubbing post combustion process is a well known technology from the chemical and oil and gas industry. Based on this knowledge, the development of the amine scrubbing process for power plant applications is investigated in different demonstration test facilities. The major disadvantage of the amine scrubbing process is the high energy efficiency decrease of up to 14%-points, which is mainly caused by the energy demand for the regeneration of the loaded amine solvent.

In this work, a systematic investigation of different primary and secondary amines was performed and different influencing parameters were studied. Based on a reference solvent containing 20% Monoethanolamine (MEA) by weight, amines with different molecule structures were characterized by their equilibrium loading at different temperatures. Therefore a synthetic flue gas containing 15% CO_2, 5% O_2 and 80% N_2 was fed to a certain amount of an amine solution stabilized at temperatures between 30 and 90°C. By measuring the CO_2-concentration in the outlet gas, the equilibrium loading could be calculated. Based on these values, a comparison of different amines was performed by determining the difference of the equilibrium loadings at the temperatures of 40°C and 90°C as a kind of working capacity. Higher values of these working capacities are linked with a lower solvent flow in the process. On the other hand it is assumed that lower equilibrium loading values at 90°C are connected with a lower amount of energy needed for the regeneration process.

It was found that the molecular structure of the amines has a significant influence on the behavior of the solvent during the absorption of CO_2. Tests with MEA showed, that with increasing MEA-concentration the equilibrium loading decreases. This effect may be caused by the fact that the water content in the solution is decreasing, resulting in a lower amount of CO_2 absorbed as bi-carbonate. At elevated temperatures, the equilibrium loading of all MEA-concentrations was the same resulting in an overall decreasing molar working capacity. But in fact there is still an increase in the weight based working capacity.

Comparing MEA with Diethanolamine (DEA), is was found that there is a significant difference in the reaction rate but no difference in the equilibrium loading at 40°C. The tests at 90°C showed very low values of DEA compared with MEA. The reason for this could be the different molecular structure which leads to a higher share of CO_2 bound as bi-carbonate in the solution of DEA, having advantages during the regeneration or at higher temperatures.

The comparison of chain length between the amino and the alcohol group showed that there is no advantage of increasing the length between the two functional groups, although only two different lengths have been investigated. A modified amine with increased chain length but also with an additional oxygen atom showed that not only the length is of interest but also the structure of atoms because the amount of absorbed CO_2 is influenced by stabilizing or destabilizing the carbamate group.

Another set of amines which has been tested was the modification of the MEA molecule by introducing side chains linked with the amino group and with different chain length. The results of the equilibrium loading at 40°C showed no clear relation but by calculating the difference between the value of 40 and 90°C the picture changed completely. It was found that with increasing length of the side chain the molar working capacity also increased. It is thought that this is caused by the destabilizing effect of the side chain on the amino group so that more carbamate-ions can react to bicarbonate and the amine molecule in an easier way.

A special type of amines are the molecules with more than one amino group. These polyamines have the advantage that only small amounts are needed to have the same number of amino groups in the solution compared to MEA. This gives the possibility of increasing the polyamine concentration and adsorbing more CO_2 still on low amine concentration. This means that e.g. a 30% MEA solution could be replaced by an 18% polyamine solution. The results showed that each amino group increases the working capacity by the same value as MEA. This means that all solutions used within the experiments absorbed the same amount of CO_2 but having lower amine concentrations compared to MEA.

Sterical hindrance is an important effect for a high CO_2 uptake and was often discussed as the reason for high performing solvents. Sterical hindrance in fact is just a three dimensional formation of the amine molecule with an effect of blocking of the amine groups to react with CO_2. The effect of sterical hindrance was studied with experiments using amine molecules with different substitutes at the α-carbon-atom. The effect of the three dimensional coordination of the molecule is the most important factor for a high CO_2 amount captured by the solution. This is based on the fact, that at high blocking or strong hindrance the planar CO_2 molecule cannot react with the amine group due to the blocking, whereas water molecules can react with the amino group on one side (protonation) and on the other side with CO_2 to bicarbonate.

In general it can be said that the molecule structure has a major effect on the CO_2 capture. This is not related to the categories of amines, it is more related to the three dimensional formation of the molecule. Based on the investigations it was found that small changes in the molecule structure can increase the working capacity up to three times that of MEA. This means using amines with side chains at the amino groups, strong sterical hindrance or the use of polyamines will improve the process.

1 Einleitung

Anstieg des Meeresspiegels, Treibhauseffekt und globale Klimaerwärmung sind Schlagworte, die in der Diskussion um Emissionen fossiler Kraftwerke einen festen Platz einnehmen. Dabei steht Kohlenstoffdioxid (CO_2) im Fokus der Betrachtungen, da es zu über 90% zum Treibhauseffekt und seinen Folgen beiträgt. Da fossil befeuerte Kraftwerke eine wesentliche Punktquelle für CO_2-Emissionen darstellen, werden verschiedene Möglichkeiten der Reduktion und Abtrennung von CO_2 diskutiert und entwickelt. Für die Kraftwerksindustrie bedeuten die CO_2-Emissionen auf Grund des Emissionshandels, der dem Stoff CO_2 eine finanzielle Bewertung gibt, ein neuer Faktor für den wirtschaftlichen Betrieb. Darüber hinaus fordern politische und gesellschaftliche Randbedingungen die Berücksichtigung der CO_2-Minimierung. Aus diesem Grund wird die Forschung und Erprobung von Technologien zur Senkung der CO_2-Emissionen stark gefördert und unterstützt. Während durch regenerative Energienutzung sowie Effizienzsteigerung die Entstehung von CO_2-Emissionen vermieden bzw. vermindert werden sollen, zielen CO_2-Abtrenntechnologien auf die technische Abscheidung und Speicherung nahezu aller CO_2-Emissionen ab.

Die Abtrennung von CO_2 ist stets – unabhängig von der verwendeten Technologie – mit einem Mehraufwand an Energie verbunden. Quantifiziert wird dieser Energiebedarf über den Wirkungsgrad des Kraftwerks mit CO_2-Abtrennung, der deutlich unterhalb des Wirkungsgrads eines Kraftwerks ohne CO_2-Abtrennung liegt. Durch die Weiterentwicklung der verschiedenen Technologien werden deutliche Verbesserungen erwartet, wobei die wesentlichen Arbeiten sich auf die praktische Erprobung der Techniken konzentrieren. Dies ist im Hinblick auf die notwendige Dimension der Techniken, die sich im Leistungsbereich von 800 bis 1100MW bewegen, notwendig, da die bekannten Technologien in deutlich kleinerem Maßstab erprobt wurden oder für die Technologien keine Langzeit- und Betriebserfahrungen vorliegen.

Im Bereich der CO_2-Abtrenntechnologien gilt die CO_2-Wäsche mit Aminen als eine der am weitesten entwickelten Techniken. Das Verfahren wird bereits seit Jahrzehnten in anderen Branchen erfolgreich eingesetzt und bietet für die Kraftwerke die Option der Nachrüstung bzw. erfordert deutlich weniger Anpassungen an den bekannten Kraftwerksprozess. Allerdings weist die Wäschetechnologie einen deutlichen Energieverlust auf, wobei ein hohes Potential zur Optimierung besteht. Die Höhe des Energieverbrauchs ist dabei direkt mit dem verwendeten aminhaltigen Waschmittel verbunden, wodurch die (Weiter-)Entwicklung der Waschmittel das Hauptziel der Forschungsarbeiten ist.

2 Grundlagen

2.1 Wirkungen und Quellen von CO_2

2.1.1 Einfluss von CO_2 auf das Klima

Kohlendioxid als farb- und geruchsloses Gas kommt als natürlicher Bestandteil in der Atmosphäre der Erde mit einem Volumenanteil von ca. 0,04% vor. Es entsteht einerseits aus natürlichen Quellen, bei der Umsetzung von Kohlenstoff bei der Zellatmung oder bei technischen Prozessen. Pflanzen und manche Bakterien sind in der Lage, CO_2 durch Kohlenstoffdioxid-Fixierung abzubauen. Als Bestandteil der Atmosphäre stellt CO_2 eine wichtige Substanz zur Regulation der globalen Durchschnittstemperatur dar. Es führt im Rahmen des natürlichen Treibhauseffekts ähnlich wie der in der Atmosphäre vorhandene Wasserdampf zu einer Steigerung der globalen Temperatur auf 15°C. Ohne natürlichen Treibhauseffekt würde sich sonst eine Temperatur von 18°C unter null einstellen [1].

Der Austausch von Kohlenstoff bzw. CO_2 zwischen der Atmosphäre, den Weltmeeren und den Sedimenten erfolgt in einem äußerst langsamen Prozess [2]. Der Austausch bzw. die Fixierung von CO_2 erfolgt dabei z.B. durch Lösen von CO_2 in Wasser oder durch die Fixierung von CO_2 in biologischem Material und dessen Einbindung in die Sedimentschichten, wodurch es unter anderem zur Bildung von Kohle kam [3]. Diesen langsamen Prozessen stehen z.B. die Freisetzung von CO_2 bei der Zellatmung und die Fixierung von CO_2 beim Pflanzenwachstum gegenüber [3]. Das durch die Verwendung von fossilen Energieträgern wie Stein- und Braunkohle oder Erdgas zusätzlich freigesetzte CO_2 führt zu einer Mehrbelastung der Atmosphäre, was sich durch den seit Jahren beobachteten Anstieg der CO_2-Konzentration in der Erdatmosphäre zeigt. Ähnlich der Wirkweise beim natürlichen Treibhauseffekt führt CO_2 zu einer verstärkten Erwärmung der Erdatmosphäre, was als anthropogener Treibhauseffekt bezeichnet wird [4] [5].

2.1.2 Stromerzeugung als Quelle für CO_2-Emissionen in Deutschland

Die Verwendung fossiler Energieträger führt zur Emission von CO_2 in die Atmosphäre, wobei das CO_2 auf Grund seiner Wirkung als hauptverantwortlich für die Erwärmung der Erdatmosphäre gilt. Wie in Bild 1 dargestellt beträgt der Anteil des CO_2 an den Treibhausgasemissionen des Jahres 2008 in Deutschland 87,2%. Dabei wurden die Anteile weiterer klimarelevanter Gase entsprechend der international gültigen Kennwerte in CO_2-Äquivalente umgerechnet, um ihre Treibhausgaswirkung zu vergleichen. CO_2 nimmt auf Grund der emittierten Menge eine Sonderstellung ein, wodurch der Verminderung bzw. Vermeidung von CO_2-Emissionen eine wesentliche Bedeutung zukommt.

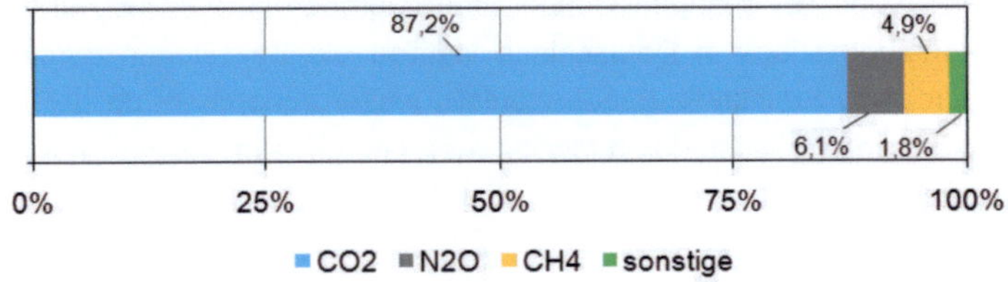

Bild 1: Anteile der Schadstoffe in CO_2-Äquivalenten 2008 [6]

Die Quellen der CO_2-Emissionen verteilen sich dabei auf die Kategorien „Gewerbe und Industrie", „Energieerzeugung" sowie „private Haushalte und Verkehr" nahezu zu gleichen Teilen [8]. Die Erzeugung von elektrischer Energie aus fossilen Energieträgern stellt in der Regel eine große Punktquelle für CO_2 dar. Während die Einsparung von CO_2 im Bereich Verkehr oder bei Haushalten eine großflächige Verbreitung von verbesserten technischen Lösungen voraussetzt, ist die Senkung der CO_2-Emissionen insbesondere durch die Abtrennung bei der Stromerzeugung deswegen effektiver durchführbar. Dabei weisen die großen Kraftwerksstandorte einen überproportional Anteil an der installierten Leistung auf und somit kann durch Maßnahmen zur Senkung von CO_2-Emissionen bei wenigen Kraftwerken bereits ein großer Effekt auf die CO_2-Emissionen allgemein erreicht werden.

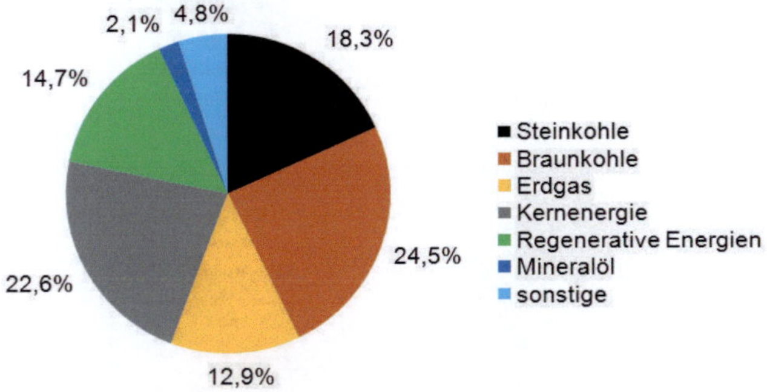

Bild 2: Anteile der Energieträger an der Nettostromerzeugung 2008 [8]

Bild 2 zeigt den Anteil der einzelnen Energieträger an der Stromerzeugung in Deutschland für das Jahr 2008. Dabei haben die CO_2-relevanten Energieträger Stein- und Braunkohle sowie Erdgas und Mineralöl einen Anteil von 57,8%, wobei der überwiegende Teil auf Stein- und Braunkohle entfällt (42,8%). Erdgas besitzt spezifisch geringere CO_2-Emissionen als Kohle, so dass der Einfluss der Kohle auf die CO_2-Emissionen stärker ausfällt. Die Emissionen auf Grund der Verwendung von Mineralöl spielen wegen der geringen Menge eine untergeordnete Rolle. Auf Grund des möglichen Atomausstiegs in Deutschland werden die Emissionen durch den Einsatz von Braun- und Steinkohle gegebenenfalls weiter zunehmen, da der Anteil der Kernenergie zu großen Teilen durch fossile Energieträger – im speziellen Kohle – ersetzt werden muss.

Mit einem Anteil von 87,2% an den Treibhausgasemissionen weist CO_2 den größten Anteil auf, wobei 40,8% der Treibhausgasemissionen auf den Ausstoß von CO_2 bei der Stromerzeugung zurückzuführen sind. Betrachtet man den Anteil der einzelnen Energieträger an der Stromerzeugung und berücksichtigt man die spezifischen Emissionen der verschiedenen Energieträger [9] zeigt sich wie in Bild 3 dargestellt, dass Stein- und Braunkohle den Hauptanteil der CO_2-Emissionen bei der Stromerzeugung verursachen. Der Anteil der CO_2-Emissionen von Erdgas und Mineralöl ist dagegen gering, da diese Energieträger im Wesentlichen nur zur Spitzenlastabdeckung auf Grund des Brennstoffpreises eingesetzt werden. Dies bedeutet allerdings auch, dass Maßnahmen zur Senkung der energiebedingten CO_2-Emissionen sich auf den Energieträger Kohle konzentrieren werden, da dort ein größeres Potential für Einsparungen vorhanden ist.

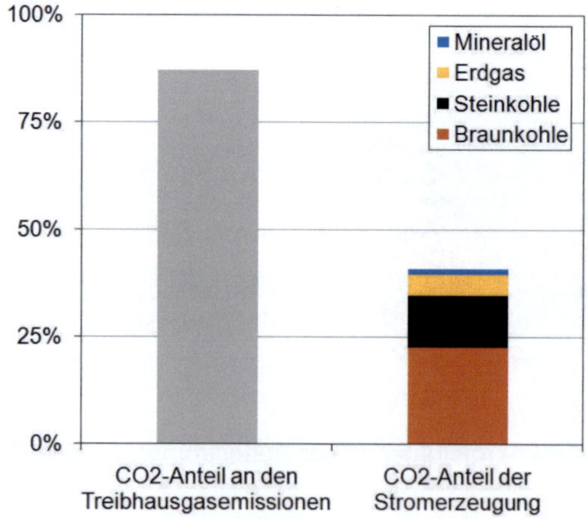

Bild 3: Anteil und Verteilung der energiebedingten CO_2-Emissionen 2008 [8], [9]

2.2 *Die Abtrennung von CO_2 bei fossil befeuerten Kraftwerken*

Zur CO_2-Antrennung bei fossil befeuerten Kraftwerken werden im Wesentlichen drei grundlegende Ansätze verfolgt. Dazu zählt das Oxyfuel-Verfahren, bei dem die Verbrennung mit reinem Sauerstoff und rezirkuliertem Rauchgas erfolgt. Des Weiteren ist die CO_2-Abtrennung nach dem Pre-Combustion-Verfahren möglich, bei dem der Brennstoff mit Sauerstoff vergast und anschließender Wassergas-Shift-Reaktion zu Wasserstoff und CO_2 umgesetzt wird. Alternativ zu diesen Verfahren ist auch die nachgeschaltete CO_2-Abtrennung (Post-Combustion-Verfahren) möglich, bei dem die CO_2-Abtrennung aus dem Rauchgas nach der konventionellen Verbrennung des Brennstoffs erfolgt. Dazu eigenen sich chemische Waschverfahren, der Einsatz von Adsorptionsmitteln oder die Verwendung von Membranen. Je nach Verfahren ist eine weitere Feinreinigung des abgetrennten CO_2-Stroms notwendig. Letztlich wird das CO_2 getrocknet, komprimiert und verflüssigt, so dass es über Pipelines oder spezielle Transportschiffe zur Speicherstätte transportiert werden kann. Als Speicher können erschöpfte Erdgas- oder Erdölfelder, saline Aquifere oder Kohleflöze dienen. Auf Grund der bereits aus anderen Branchen bekannten Daten und den spezifischen technischen Anforderungen der jeweiligen Prozesse weisen die verschiedenen CO_2-Abtrennarten einen unterschiedlichen Entwicklungsstand auf. Erste Pilotanlagen nach dem Oxyfuel-Verfahren und mit nachgeschaltetem Abtrennverfahren wie die Aminwäsche wurden bereits realisiert und es wurden bereits Planungen für großtechnische Anlagen aufgenommen [10].

Nachfolgend werden technische Ausführungen der Verfahren dargestellt und einige Randparameter erläutert.

2.2.1 Oxyfuel-Prozess

Durch die Verbrennung von Kohle mit reinem Sauerstoff kann ein konzentrierter CO_2-Gasstrom erzeugt werden. Während bei der Luftverbrennung die adiabate Verbrennungstemperatur bei ca. 2000°C liegt [12], würde bei der Verbrennung mit reinem Sauerstoff die Temperatur deutlich über 3500°C steigen. Um dies zu verhindern wird gekühltes Rauchgas in die Feuerung rezirkuliert. Der benötigte Sauerstoff wird durch eine Luftzerlegungsanlage bereitgestellt und mit dem rezirkulierten Rauchgas gemischt. Abhängig von der Reinheit des erzeugten Sauerstoffs wird ein Energiebedarf von 250 bis 270kWh/ t O_2 benötigt [11]. Nach der Verbrennung liegt ein feuchter Rauchgasstrom mit einem CO_2-Gehalt von 70 bis 85% vor [11] [13]. Auf Grund der erheblich verminderten spezifischen Rauchgasmenge kommt es zur Anreicherung im Rauchgas, wodurch z.B. der Wasser-, der SO_2- und der HCl-Gehalt ansteigt. Nach

[13] sinken die spezifischen NO_x-Emissionen (bezogen auf die mit dem Brennstoff eingebrachte Wärmemenge) um 50% gegenüber der konventionellen Luftverbrennung, was auf eine auf Grund des fehlenden Luftstickstoffs deutliche Reduktion des so genannten thermischen NO_x einerseits und auf die Reduktion von bereits gebildetem, aber über die Rauchgasrezirkulation in die Feuerung zurückgeführtem NO_x andererseits zurückzuführen ist. Bei den spezifischen SO_2-Emissionen treten beim Oxyfuel-Verfahren in der Regel verringerte SO_2-Emissionen als bei der Luftverbrennung auf [15]. Allerdings liegen die SO_2-Konzentrationen weit über denen der Luftverbrennung [14], wodurch z.B. das Korrosionspotential erhöht wird. Das Rauchgas wird beim Oxyfuel-Prozess ähnlich den Rauchgasreinigungsschritten bei der Luftverbrennung aufbereitet, anschließend getrocknet und schließlich verflüssigt. Der Oxyfuel-Prozess eignet sich sowohl für die Nachrüstung bestehender Anlagen wie auch für Neuanlagen. Der Wasser-Dampf-Kreislauf ist vergleichbar zur bisherigen Ausführung von Kraftwerken mit einer Luftverbrennung. Bild 4 zeigt ein Verfahrensbild des Prozesses.

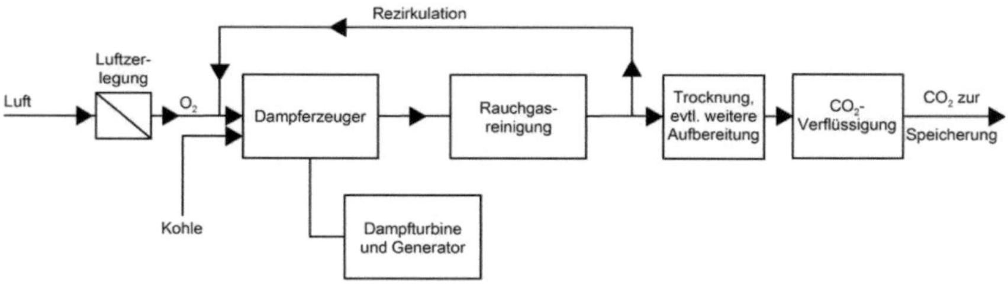

Bild 4: Verfahrensbild des Oxyfuel-Prozesses

2.2.2 Pre-Combustion Capture

Durch den Prozess der Vergasung von Brennstoff mit reinem Sauerstoff bzw. Wasserdampf kann ein Produktgas aus Wasserstoff und CO_2 gewonnen und das CO_2 vor der Verbrennung abgetrennt werden. Dabei wird Kohle zunächst mit reinem Sauerstoff vergast und ein aus CO und H_2 bestehendes Synthesegas erzeugt. Anschließend wird mittels Wasserdampf über die exotherme Wassergas-Shift-Reaktion das im Synthesegas enthaltene CO weiter zu H_2 und CO_2 umgesetzt. Dadurch wird ein CO_2-Anteil von ca. 30% [16] erreicht, wodurch die Abtrennung auch auf Grund der Tatsache, dass der Prozess bei etwa 20 bis 30bar abläuft, vereinfacht wird. Zur Abtrennung stehen mehrere Verfahren zur Verfügung, wobei es sich auf Grund des hohen Drucks um physikalische Abtrennprozesse handelt. Dazu zählen beispielsweise die Selexolwäsche (Methanol), die Purisolwäsche und die Verwendung von

MDEA, wobei bei MDEA ebenfalls eine chemische Reaktion erfolgt. Durch Druckabsenkung und/ oder Temperaturerhöhung kann das CO_2 wieder aus der Waschlösung entfernt und zur Speicherung komprimiert werden. Nach der CO_2-Abtrennung besteht das Rauchgas aus nahezu reinem Wasserstoff, der entweder als Produkt verwendet oder in einer nachgeschalteten Gasturbine in Strom bzw. Wärme umgesetzt werden kann.

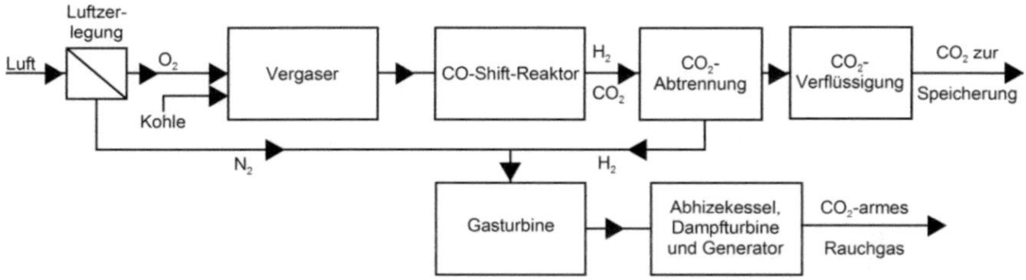

Bild 5: Schema des IGCC-Prozesses und CO_2-Abtrennung

Beim IGCC- (Integrated Gasification Combined Cycle) Prozess, der schematisch in Bild 5 dargestellt ist, können ausgehend von einem Wirkungsgrad von 52% trotz der CO_2-Abtrennung höhere Wirkungsgrade im Bereich von 42 bis 45% als bei den anderen Prozessen erzielt werden [16] [17]. Allerdings kann der Prozess nur in neu errichteten Anlagen zum Einsatz kommen. Des Weiteren muss zur Vergasung des Brennstoffs reiner Sauerstoff bereit gestellt werden, wobei beim IGCC-Prozess weniger Sauerstoff als beim Oxyfuel-Verfahren benötigt wird [18]. Darüber hinaus befindet sich die Wasserstoffverbrennung in der Gasturbine noch in der Entwicklung.

2.2.3 Post-Combustion Capture

Die CO_2-Abtrennung nach der Verbrennung erfolgt durch einen chemischen Prozess, bei dem das CO_2 von einem Trägerstoff aufgenommen und in einem anschließenden Prozess wieder aus dem Trägerstoff ausgetrieben wird. Bei den beiden bekanntesten Post-Combustion-Abtrennverfahren handelt es sich um die nachgeschaltete chemische Wäsche sowie das sogenannte Calcium-Looping-Verfahren.

Beim Verfahren der chemischen Wäsche wird das CO_2 mit einem chemischen Waschmittel aus dem Rauchgas ausgewaschen. Bei den Waschlösungen handelt es sich um wässrige Lösungen von Aminen oder Ammoniak, die eine starke Affinität zu sauren Gasen aufweisen [19]. Der Vorteil der chemischen Wäsche liegt darin, dass der zu Grunde liegende Prozess bereits seit vielen Jahren in der chemischen Industrie zur Aufbereitung von Erdgas und Synthesegasen eingesetzt wird [20]. Bei der CO_2-Abtrennung wird das Waschmittel mit dem Rauchgasstrom in Kontakt gebracht und bindet das CO_2 durch chemische Reaktion. Nach der Absorption wird die mit CO_2 beladene Waschlösung im Desorber thermisch bei etwa 100 bis 130°C regeneriert, wozu dem Wasser-Dampf-Kreislauf des Kraftwerks Niederdruckdampf entnommen wird. Nach der Regeneration im Desorber wird das Waschmittel erneut zur Absorption eingesetzt. Die Integration in den Kraftwerksprozess ist in Bild 6 dargestellt.

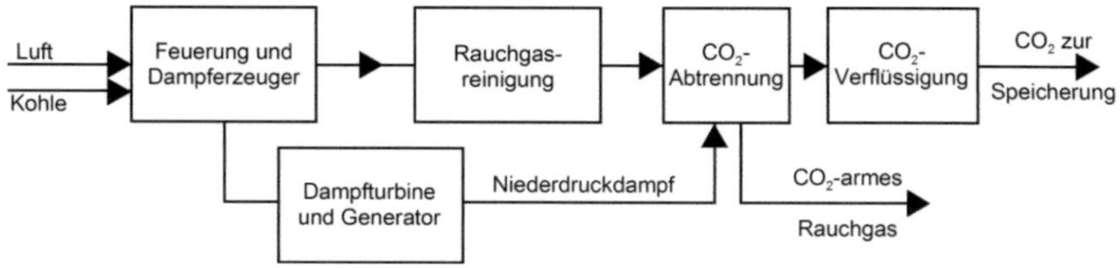

Bild 6: Kraftwerksprozess mit nachgeschalteter CO_2-Wäsche

Beim Calcium-Looping-Verfahren, das als Wirbelschichtverfahren ausgeführt ist, wird das CO_2 bei etwa 650°C durch CaO gebunden, bildet Calciumcarbonat und wird in einem anschließenden Kalzinier-Prozess bei etwa 900°C wieder ausgetrieben. Durch den Betrieb des Kalzinierers mit reinem Sauerstoff kann ein CO_2-Strom mit mehr als 90% CO_2-Gehalt erzeugt werden. Durch den Einsatz von CaO als CO_2-Träger und der Tatsache, dass für den Kalzinierer nur eine geringe Menge an reinem O_2 notwendig ist, kann der Prozess mit einem geringeren Energiebedarf betrieben werden und weist somit Vorteile beim Wirkungsgrad auf.

2.3 Das Verfahren der Aminwäsche

2.3.1 Funktionsweise des Verfahrens der Aminwäsche

Als Waschmittel kommen bei der Aminwäsche wässrige Lösungen von primären, sekundären, tertiären und sterischen Aminen bzw. Amingemische zum Einsatz. Das bekannteste Amin zur CO_2-Abtrennung ist Monoethanolamin (MEA). Für die thermische Regeneration der Amine wird eine große Menge an Energie dem Kraftwerk in Form von Dampf entnommen. Beispielsweise benötigt die Regeneration von MEA zwischen 3,9 und 4,2 MJ/ kg abgetrenntem CO_2 [21] [22]. Aus diesem Grund ist ein wesentlicher Nachteil des Verfahrens die damit verbundene Reduktion des Kraftwerkwirkungsgrades um bis zu 13%-Punkte [23]. Nach [78] kann durch Wärmeintegration und Optimierung des Prozesses der Wirkungsgradverlust ausgehend von 10,5% beim Standardprozess auf einen Wert von 7,5%-Punkten gesenkt werden.

Bild 7 zeigt das Verfahren der Aminwäsche als Prozessschema. Durch die Führung des Waschmittels wird deutlich, dass sich die Absorption und die Desorption gegenseitig beeinflussen. Die Absorption des CO_2 wird durch die maximal absorbierbare Menge an CO_2 durch das Amin definiert. Gleichzeitig wird für die Regeneration der Waschlösung desto mehr Energie benötigt, je geringer die CO_2-Menge in der Waschlösung ist. Dies bedeutet, dass eine geringe absorbierte CO_2-Menge im Absorber zu einem hohen Energiebedarf im Desorber führt.

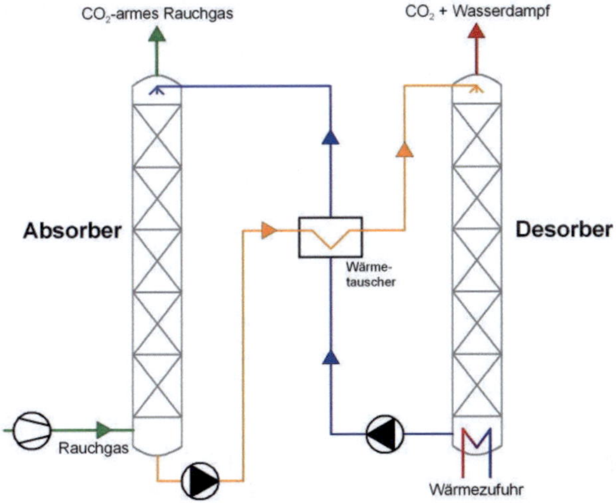

Bild 7: Verfahrensbild einer Aminwäscherkolonne

Um den Stoffübergang zu verbessern und um die Kolonnenhöhe zu verringern, werden diese mit Füllkörpern ausgestattet. Dabei handelt es sich sowohl um lose Schüttungen als auch um strukturierte Packungen, wobei mit strukturierten Packungen ein verbesserter Stoffübergang zwischen Gas und Waschlösung erreicht wird [24]. Während der Einsatz der Packungen die CO_2-Aufnahme deutlich verbessert, steigt der Druckverlust über den Absorber an. Dem wurde mit der Entwicklung von speziellen Packungen entgegen gewirkt, allerdings ist der verbleibende rauchgasseitige Druckverlust im Vergleich zu anderen Kraftwerkskomponenten mit 50 bis 80mbar weiterhin hoch [25].

Ein wichtiger Faktor für die Abtrennung ist die Verteilung der Waschlösung und die Benetzung der Einbauten im Absorber. Aus diesem Grund werden in regelmäßigen Abständen Verteilerböden eingesetzt, die zunächst die Waschlösung sammeln und diese dann erneut gleichmäßig verteilen. Dadurch wird die Packung vollständig benetzt und eine hohe Effizienz bei der Abtrennung des CO_2 erreicht [26].

Während der Aufnahme von CO_2 durch das Amin wird auf Grund der exothermen Reaktion Wärme frei, die zu einer Erwärmung der Waschlösung führt [27]. Die steigende Temperatur wirkt der Aufnahme von CO_2 entgegen und die Erwärmung der Lösung führt zusätzlich zum Verdampfen von Waschlösungsteilen. Um dies zu verhindern, ist der eigentlichen Absorptionseinheit eine Wascheinheit nachgeschaltet. In dieser werden die verdampften Aminmengen sowie mögliche Abbauprodukte durch Wasser aus dem Rauchgas ausgewaschen. Das Waschwasser kann anschließend der Abwasserbehandlung der REA zugeführt oder muss aufbereitet werden. Teile davon werden zum Ausgleich von Wasserverlusten im Aminwäscher genutzt. Nach [28] [29] betragen die Emissionen aus dem Absorber, bei denen es sich um das Amin selbst oder das Abbauprodukt Ammoniak handelt, bis zu 3,5ppm.

Nach der Absorption des CO_2 durch die Waschlösung wird diese im Desorber durch Temperaturerhöhung regeneriert und das CO_2 wieder aus der Lösung ausgetrieben. Die Waschlösung wird zunächst in einem Wärmetauscher im Gegenstrom mit der heißen regenerierten Waschlösung erwärmt, in den Desorber-Kopf eingebracht und dort auf Einbauten verteilt. Während die Lösung über die Einbauten strömt, muss sie erwärmt werden um im Desorber-Sumpf die Verdampfungstemperatur zu erreichen. Dies wird durch den im Desorber-Sumpf erzeugten Wasserdampf erreicht, wobei dieser auch den Partialdruck des CO_2 im Desorber senkt, wodurch CO_2 aus der Lösung ausgetrieben wird und zusammen mit Wasserdampf den Desorber verlässt. Das Wasser wird durch Kondensation dem CO_2-Strom entzogen und zurück in den Desorber geführt. Die regenerierte Waschlösung wird aus dem Desorber-Sumpf über den Wärmetauscher zurück zum Absorber geführt, wobei sie vor dem Eintritt in den Absorber weiter auf die Absorptionstemperatur gekühlt werden muss. Der zur Regeneration der Waschlösung benötigte Dampf wird dem Wasser-Dampf-Kreislauf entnommen. Die Entnahme wird dabei vorzugsweise im Bereich des Übergangs von der Mittel- zur Niederdruckturbine durchgeführt [30] [31] [32]. Der Desorber wird üblicherweise bei einem Druck um 2 bar betrieben [33] [34], was vorteilhaft für den Betrieb und die Verflüssigung des CO_2 ist. Dazu muss bei einer MEA-Lösung mit einem MEA-Anteil von 30 Gew.-% eine Temperatur im Desorber-Sumpf von 120 bis 123°C erreicht werden [33].

Als Waschlösungen werden verschiedene Amine eingesetzt, wobei es sich stets um wässrige Lösungen der Amine handelt. Bereits seit 1930 wird Monoethanolamin (MEA) als Waschmittel verwendet, da es einen einfachen Molekülaufbau besitzt, kostengünstig und sehr reaktiv bei der CO_2-Aufnahme ist [35]. Sein Nachteil ist der hohe Energieverbrauch bei der Regeneration und die korrosive Wirkung. Neben MEA kommen auch andere Amine – teilweise in patentierten Prozessen – zum Einsatz. Dabei handelt es sich beispielsweise um Diethanolamin (DEA) oder um Mischungen aus MEA und Methyldiethanolamin (MDEA) [36] [37]. Diese Amine weisen bezüglich des Energiebedarfs zur Regeneration und bei der korrosiven Wirkung Vorteile gegenüber MEA auf. Des Weiteren werden zur weiteren Senkung des Energiebedarfs der Aminwäsche in Forschungsprojekten neue Waschmittel bzw. Waschmittelgemische entwickelt und erprobt. Dazu werden häufig komplexere (tertiäre) Amine wie MDEA mit Aktivatoren versetzt [38] [39]. Dies ist nötig, da die Absorptionsreaktion dieser Amine im Vergleich zur Reaktion von MEA mit CO_2 sehr langsam verläuft [40].

Bei der Integration der Aminwäsche in den Kraftwerksprozess sind verschiedene Anpassungen notwendig. Die Aminwäsche wird dabei nach der Rauchgasentschwefelung in den Rauchgasweg integriert. Zur Verringerung des Aminverbrauchs, der durch die Bildung von temperaturstabilen Salzen durch NO_2 und SO_2 hervorgerufen wird, sind diese beiden Komponenten so weit wie möglich in vorgeschalteten Rauchgasreinigungsschritten zu minimieren. Dabei wird empfohlen, für NO_2 einen Wert von $40mg/m^3_N$ und für SO_2 einen Wert von $30mg/m^3_N$ zu unterschreiten [41] [42]. Während auf Grund der Tatsache, dass im Rauchgas ca. 90% des NO_x-Werts als NO vorliegen, die NO_2-Zielwerte bei Vorhandensein einer entsprechenden Rauchgasreinigung problemlos unterschritten werden, muss zum Erzielen des empfohlenen SO_2-Werts eine Verbesserung der Rauchgasentschwefelung erfolgen. Dies kann einerseits durch eine Verbesserung der bestehenden REA oder andererseits durch den Einsatz eines Vorwäschers erreicht werden. Im Vorwäscher werden üblicherweise Laugen wie NaOH eingesetzt, die eine zuverlässige Abtrennung der Störkomponenten ermöglichen, wobei beim Einsatz von Laugen auch mit einer geringfügigen CO_2-Abtrennung zu rechnen ist. Auf Grund des Einsatzes von Packungskolonnen ist ein Rauchgasgebläse vor dem Absorber notwendig, da der Druckverlust des Absorbers bis zu 80mbar betragen kann.

Während die Änderungen am Rauchgasweg geringfügig sind, wird vor allem eine Anpassung des Wasser-Dampf-Kreislaufs erforderlich. Durch die Verwendung von Dampf aus der Verbindung Mittel- zur Niederdruckturbine wird nahezu 50% des

Niederdruckdampfs der Aminwäsche zugeführt [43] [44], wodurch eine Anpassung der Niederdruckturbine notwendig wird. Des Weiteren muss eine Anpassung des Kühlwasserkreislaufs des Kraftwerks erfolgen, da zwar durch die Entnahme von Dampf aus dem Wasser-Dampf-Kreislauf die benötigte Kühlleistung sinkt, allerdings benötigt die Aminwäsche mehr Kühlwasser für die Temperierung des Amins und die Kühlung während der CO_2-Verflüssigung. Im Rahmen der Nachrüstung werden somit neue Konzepte notwendig, da alternativ nur der Neubau eines Kühlturms oder eine stärkere Erwärmung bzw. erhöhte Wasserentnahme bei Flusswasserkühlung möglich sind. Bei Neubauten kann der Mehrbedarf an Kühlleistung bereits bei der Planung berücksichtigt werden.

Selbst durch eine vollständige Integration der Aminwäsche und eine optimierte Verschaltung mit dem Kraftwerk ergeben sich weitere Auswirkungen auf den Betrieb des Kraftwerks. Zur Auslegung des Absorbers sind neben der maximal abzutrennenden CO_2-Menge, die Reaktionskinetik des Amins sowie die Betriebseigenschaften des Füllkörpermaterials entscheidend. Die Höhe der Absorptionskolonne wird durch die Reaktionskinetik und die spezifische Oberfläche der Füllkörper definiert und ist unabhängig vom zu behandelnden Rauchgasvolumenstrom. Die Anpassung der Absorberkolonne an die Leistungsklasse des Kraftwerks erfolgt auf Grund der spezifischen Betriebspunkte des Füllkörpermaterials – im Wesentlichen charakterisiert durch die Rauchgasgeschwindigkeit – durch Variation des Durchmessers. Auf Grund der Tatsache, dass eine stetige Benetzung der Einbauten mit Waschlösung erfolgen muss, kann der Betriebsbereich der Absorberkolonne nur bedingt verändert werden. Dies ist allerdings beim Einsatz der Aminwäsche bei Mittel- oder Spitzenlastkraftwerken von entscheidender Bedeutung. Eine Alternative stellt die mehrsträngige Bauweise dar. Dadurch können die Absorber je nach Bedarf und Last eingesetzt werden. Nach [45] können beispielsweise für ein 1,1GW Kraftwerk entweder vier Absorber mit je dreizehn Metern Durchmesser oder zwei Absorber mit jeweils achtzehn Metern verwendet werden. Kriterien für die Auswahl der Wäscheranzahl sind der Betriebsbereich des Kraftwerks, die spezifischen Baukosten sowie der bautechnisch maximal realisierbare Durchmesser des Wäschers. Den Platzbedarf für die Aminwäsche inklusive der Hilfsanlagen und der CO_2-Verflüssigung beträgt nach [46], [47] 10 bis 20% der Kraftwerksfläche eines 750MW Kohlekraftwerks.

2.3.2 Chemische Reaktionen und Energiebedarf bei der Aminwäsche

Amine sind Derivate des Ammoniaks und haben somit einen ähnlichen Aufbau. Allerdings werden ein bis drei Wasserstoffatome durch Alkylketten ersetzt. Somit ergeben sich primäre, sekundäre und tertiäre Amine, die sich in der Anzahl ihrer Alkylketten unterscheiden. Eine Übersicht zeigt Bild 8, wobei R_1 bis R_3 stets für eine Alkylkette steht.

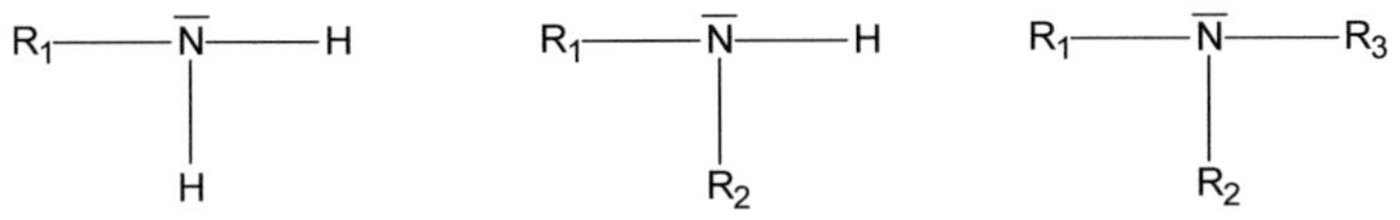

primär sekundär tertiär

Bild 8: Einteilung der Amine

Die Amine ordnen sich räumlich als Tetraeder an. Je nach Aufbau der Alkylketten werden einige Amine als sterisch gehinderte Amine eingeordnet. Dies bedeutet, dass auf Grund des räumlich komplexen Aufbaus die Aminogruppe abgeschirmt und somit für Reaktionspartner schwer erreichbar ist.

Auf Grund des Stickstoffatoms reagieren die Amine als Base und können dadurch saure Gase wie CO_2 binden. Verantwortlich dafür ist das freie Elektronenpaar des Stickstoffs, was die Reaktivität des Amins bedingt. In Wasser sind die Amine – vor allem die Alkanolamine – durch die Ausbildung von Wasserstoffbrücken in der Regel sehr gut löslich. Durch die Interaktionsmöglichkeit mit Wasser und mit anderen Aminen ergibt sich ein hoher Siedepunkt. Das am häufigsten verwendete Amin – Monoethanolamin (MEA) – ist in Bild 9 dargestellt. Es besitzt neben der Aminogruppe auch eine Alkoholgruppe. Die Bild zeigt die Struktur des Moleküls, wobei die Eckpunkte der Linien für eine CH_2-Gruppe stehen.

Bild 9: Monoethanolamin (MEA)

MEA besitzt auf Grund seiner geringen Molmasse, der hohen Reaktivität und der geringen Materialkosten wesentliche Vorteile und wird seit Jahren zur Aufbereitung von Gasströmen verwendet [48]. Nachteilig sind die hohe Reaktionsenthalpie und der daraus resultierende hohe Energiebedarf für die Regeneration sowie die korrosive Wirkung von MEA.

Nach [49], [50], [51], [52], [53] und [54] reagieren primäre und sekundäre Amine bei der Aminwäsche mit CO_2 zu (Hydrogen-)Carbonat- und Carbamat-Ionen, wobei üblicherweise bei der CO_2-Abtrennung in Absorberkolonnen die Bildung von Carbonat-Ionen vernachlässigt wird [54]. Die Reaktion von CO_2 mit primären und sekundären Aminen unter der Bildung eines Carbamat-Ions verläuft nach folgender Reaktion:

$$CO_2 + 2\,HNR_1R_2 \rightleftharpoons R_1R_2NCO_2^- + R_1R_2NH_2^+ \qquad \text{(Gl. 1)}$$

$$CO_2 + HNR_1R_2 + H_2O \rightleftharpoons R_1R_2NCO_2^- + H_3O^+ \qquad \text{(Gl. 2)}$$

(R_1,R_2 Seitenketten, z.B. MEA R_1=H, R_2=C_2H_4-OH)

Die Bildung des Carbamat-Ions kann dabei direkt oder über den Zwischenschritt der Bildung eines Zwitterions erfolgen [55] [56] [57]. Die beiden Reaktionswege zeigen Bild 10 und Bild 11. Bei der Bildung eines Zwitterions tritt das Wasserstoffatom der Aminogruppe in eine Wechselwirkung mit einer Base bzw. einem Wassermolekül. Gleichzeitig wird CO_2 absorbiert und bindet sich an die Aminogruppe, da diese durch die Wechselwirkung des Wasserstoffatoms mit der Base negativ polarisiert wird. Nachdem das CO_2 an die Aminogruppe gebunden ist, existiert das Zwitterion als Übergangszustand bis das Wasserstoffatom endgültig an die Base abgegeben wird und ein Carbamat-Ion entsteht.

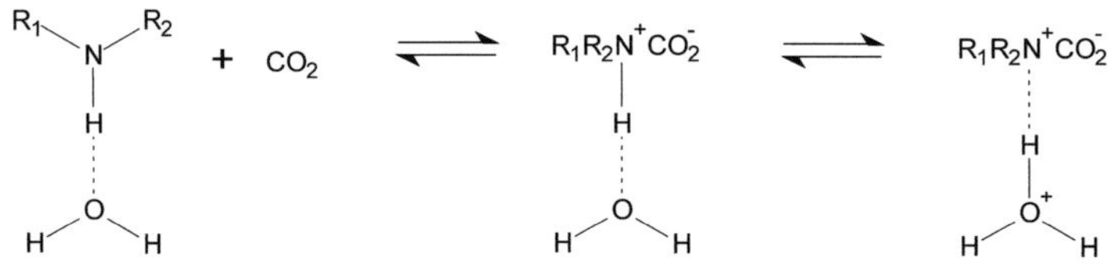

Bild 10: Reaktionsweg bei der Zwitterionbildung [56]

Im Gegensatz dazu ist auch die instantane Reaktion der Carbamat-Bildung möglich. Dabei verlaufen die Schritte der CO_2-Bindung an die Aminogruppe und die Abspaltung des Wasserstoffatoms gleichzeitig ab, wobei als Base B sowohl andere Aminogruppen oder Wassermoleküle auftreten können.

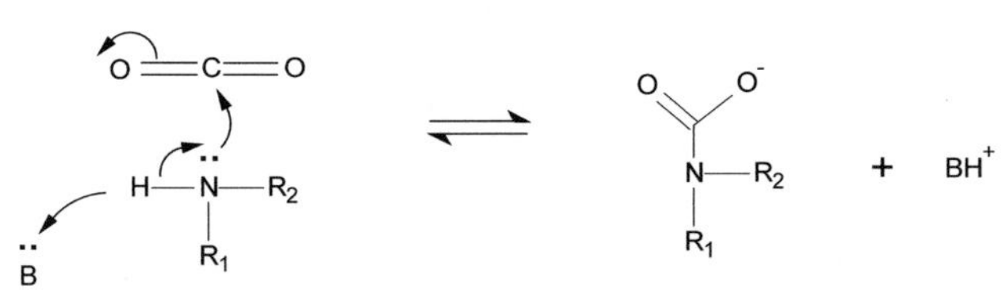

Bild 11: Reaktionsweg bei der instantanen Reaktion [57]

Welcher Reaktionsweg bei der CO_2-Absorption auftritt, ist Gegenstand der aktuellen Diskussion. Simulationsrechnungen haben allerdings gezeigt, dass die direkte Reaktion zwischen CO_2 und Amin bevorzugt stattfindet [58], wobei die Bildung von Zwitterionen kurzzeitig möglich ist [59]. Zur Beschreibung der Vorgänge wird häufig die Zwitterionen-Reaktion verwendet, da bei ihr durch eine Anpassung der „Lebensdauer" des Zwitterions Randbedingungen für Reaktionen bzw. die experimentell ermittelten Reaktionsraten besser abgebildet werden. Im Allgemeinen ergibt sich bei einer äußerst geringen Lebensdauer der instantane Reaktionsweg. In beiden Fällen sind die Randbedingen durch die notwendige Durchdringung der Flüssigkeitsbarriere durch das CO_2 und die Übertragung des Protons die entscheidenden Schritte.

Tertiäre Amine dagegen reagieren nicht direkt mit dem CO_2 im Rauchgas, da bei ihnen die Abspaltung von Protonen nicht möglich ist. Bei der Absorption von CO_2 durch tertiäre Amine verläuft die Aufnahme nach den Reaktionen der (Bi-)Carbonat-Bildung, wobei die Anwesenheit des basischen Amins die Aufnahme des CO_2 katalysiert [60]:

$$H_2O + NR_1R_2R_3 \rightleftharpoons OH^- + HNR_1R_2R_3^+ \quad \text{(Gl. 3)}$$

$$CO_2 + H_2O \rightleftharpoons H_2CO_3 \quad \text{(Gl. 4)}$$

$$CO_2 + OH^- \rightleftharpoons HCO_3^- \quad \text{(Gl. 5)}$$

$$H_2CO_3 + OH^- \rightleftharpoons HCO_3^- + H_2O \quad \text{(Gl. 6)}$$

Die gebildeten Bicarbonat-Ionen können mit Aminen weiter zu Carbonat-Ionen reagieren:

$$HCO_3^- + R_1R_2NH \rightleftharpoons CO_3^{2-} + R_1R_2NH_2^+ \quad \text{(Gl. 7)}$$

Bild 12 zeigt den Reaktionsweg bei der Aufnahme von CO_2 durch tertiäre Amine. Dabei tritt das freie Elektronenpaar des Stickstoffs der Aminogruppe in Wechselwirkung mit dem Wasserstoffatom eines Wassermoleküls. Gleichzeitig interagiert das Wassermolekül bzw. der sich bildende OH^--Teil mit einem CO_2-Molekül. Es bilden sich das protonierte Aminmolekül und Hydrogencarbonat. Nur durch die simultane Reaktion des Amin- mit dem Wassermolekül und des Wasser- mit dem CO_2-Molekül lässt sich die katalytische Wirkung des tertiären Amins bei der CO_2-Aufnahme erklären.

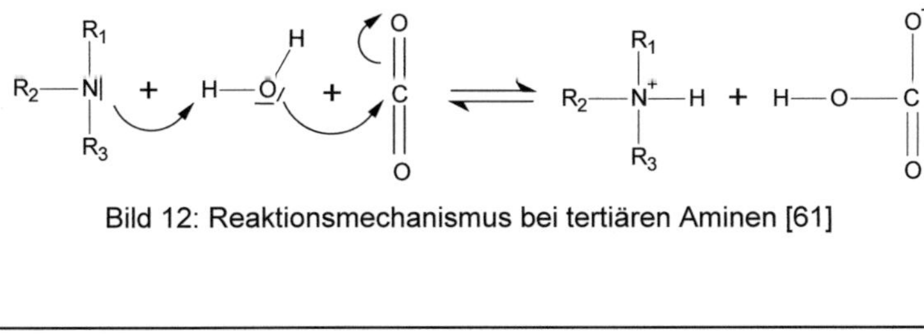

Bild 12: Reaktionsmechanismus bei tertiären Aminen [61]

Durch die Absorption des CO_2 als Hydrogencarbonat wird für die Regeneration von tertiären Aminen wesentlich weniger Energie benötigt, da keine Bindung zwischen dem Amin und dem CO_2 gespalten werden muss [62] [63] [64]. Allerdings ist die Reaktionsgeschwindigkeit von tertiären Aminen mit CO_2 sehr gering, wodurch sehr große Anlagen entstehen würden und der Einsatz von reinen tertiären Aminwaschlösungen nicht möglich ist.

Bei der Absorption durch primäre und sekundäre Amine ist ebenfalls die Bildung von Bicarbonat-Ionen möglich, wobei diese Reaktionen eine untergeordnete Rolle spielen [53]:

$$CO_2 + HNR_1R_2 + H_2O \rightleftharpoons H_2NR_1R_2^+ + HCO_3^- \qquad \text{(Gl. 8)}$$

$$R_1R_2NCO_2^- + H_2O \rightleftharpoons HCO_3^- + HNR_1R_2 \qquad \text{(Gl. 9)}$$

Nimmt man für primäre und sekundäre Amine an, dass die Reaktion von CO_2 zu Bicarbonat-Ionen sehr langsam verläuft und somit bei der CO_2-Absorption in Wäscherkolonnen eine untergeordnete Rolle spielt, kann die maximale Beladung der Waschlösung berechnet werden. Primäre und sekundäre Amine besitzen demnach eine maximale Beladung von 0,5mol CO_2/mol Amin. Da tertiäre Amine das CO_2 nur als Bicarbonat binden können, kann für diese Amine eine maximale Beladung von 1mol CO_2/mol Amin berechnet werden. Typische Betriebsparameter beim Einsatz von MEA in einer Wäscherkolonne sind eine Beladung der Waschlösung vor dem Absorber von 0,2 bis 0,25mol CO_2/mol MEA (Restbeladung) und eine Beladung nach der Absorption von 0,4 bis 0,45mol CO_2/mol MEA [65] [21].

Neben der reversiblen Reaktion mit CO_2 können die Amine auch mit anderen sauren Gasbestandteilen oder Sauerstoff reagieren. Während beim Einsatz der Aminwäsche in der chemischen Industrie der Aminabbau auf Grund des Fehlens von Schadgasen wie z.B. Sauerstoff keine Rolle spielt, tritt dieses Phänomen beim Einsatz im Kraftwerksbereich dagegen auf. Sauerstoff führt zu einem Abbau der Amine, wobei diverse Zersetzungsprodukte auftreten (Acetate, Glycolate, Nitrate) [66]. Bei der Reaktion von Sauerstoff und Amin sind unter anderem die Konzentrationen von Eisen, Kupfer und Vanadium in der Lösung entscheidend [67], da diese die Abbaureaktion katalysieren. Um die Degradation des Amins durch Sauerstoff zu verhindern, werden den Waschmitteln Inhibitoren zugesetzt. Neben der Degradation durch Sauerstoff bilden Amine mit den Rauchgasbestandteilen SO_2, SO_3 und NO_2 Salze („heat stable salts"). Diese Salze werden bei der Aufbereitung der Aminlösung (z.B. beim so genannten „Reclaiming" bei sehr hohen Temperaturen) von der Lösung abgetrennt und können zum Teil durch Zugabe von Natronlauge regeneriert werden. Alternativ dazu kann die

Lösung mit Hilfe von Ionenaustauschern aufbereitet werden, was zu keiner zusätzlichen thermischen Belastung der Aminlösung führt, wodurch der thermische Abbau des Amins verhindert werden kann [68]. Basierend auf den Emissionsgrenzwerten für NO_2 und SO_2 nach der 13. BImSchV für Großkraftwerke von $200mg/m^3_N$ [69] kann der maximale Aminabbau auf Grund der Rauchgasschadstoffe ermittelt werden. Auf Grund des geringen Anteils von 5 bis 10% von NO_2 an den NO_x-Emissionen [70] ist der Aminabbau durch NO_x-Verbindungen sehr gering, da Amine nicht mit NO reagieren. Bei den SO_2-Emissionen existiert ein linearer Zusammenhang zwischen der SO_2-Konzentration und dem Aminabbau. Dieser erfolgt sowohl bei NO_2 und SO_2 über die Bildung der entsprechenden Säure. Dabei reagiert ein Mol HNO_3 mit einem Mol Amin und ein Mol H_2SO_4 mit 2 Mol Amin. Somit ergibt sich beispielsweise bei einer 90%-igen CO_2-Abtrennung mit einer 30%-igen MEA-Waschlösung bei einem Aminbedarf von 5kg Waschlösung/m^3 Rauchgas ein maximaler Aminverlust auf Grund von NO_2 von ca. $27mg/m^3_N$ und auf Grund von SO_2 von bis zu $400mg/m^3_N$. Bei einem Kohlekraftwerk mit 15 Vol-% CO_2 im Rauchgas bedeutet dies bei der Abtrennung einer Tonne CO_2 einen maximalen Aminverbrauch von etwa 1,6kg MEA. Durch die thermische Degradation wird ein zusätzlicher Aminverbrauch verursacht, wobei die Menge im Wesentlichen von den Prozessparametern abhängt. So trägt häufiges Reclaiming zu einem schnelleren Abbau auf Grund der hohen Destillationstemperatur bei. Des Weiteren wird vermutet, dass der Abbau des Amins durch z.B. Sauerstoff erst bei höheren Temperaturen erfolgt, so dass eine hohe Prozesstemperatur im Desorber zu einem schnellen Abbau durch in der Waschlösung enthaltenem Sauerstoff führt [71]. Beim Abbau reagieren die Amine entweder zu Aminen einer höheren Klasse (aus primärem Amin wird sekundäres Amin), wodurch die Reaktionsrate sinkt, oder es kommt zur Aminpolymerisation, so dass weniger funktionelle Zentren zur CO_2-Aufnahme zur Verfügung stehen. Als Summe aus allen Abbauarten ergibt sich nach [61] ein Bedarf an neuem MEA von etwa 2kg/t abgetrenntes CO_2, wobei hier von einem SO_2-Eintrittswert von maximal $30mg/m^3_N$ ausgegangen wird. Dieser Wert verdeutlicht unter Berücksichtigung der zuvor ermittelten Abbauwerte für die NO_x- und SO_x-Emissionen, dass der Abbau auf Grund der Sauerstoffkonzentration und der thermischen Beanspruchung den überwiegenden Anteil am Aminabbau hervorruft. Der Einfluss von SO_x und NO_2 ist proportional zu den Konzentrationen, wobei durch eine verbesserte Rauchgasaufbereitung die Konzentrationen dieser Gase deutlich gesenkt werden können.

Neben dem Abbau der Amine durch Sauerstoff und der Bildung von heat stable salts kann es durch die im Rauchgas enthaltenen Stickoxide zur Bildung von schwer- und leichtflüchtigen Nitrosaminen kommen [72], welche hochgradig gesundheitsgefährdend und krebserregend sind [73]. Durch die Reaktion von Nitrit, das sich aus den im Rauchgas enthaltenen Stickoxiden durch Lösung im Waschmittel bilden kann, und sekundären Aminen kommt es zur Bildung von Nitrosaminen. Auf Grund des Aminabbaus kommt es durch Aminpolymerisation auch bei Waschlösungen mit primären Aminen zur Bildung von sekundären Aminen, so dass die Nitrosaminbildung bei allen zur CO_2-Wäsche eingesetzten Waschlösungen möglich ist [74]. Durch die Senkung der Nitrit-Konzentration in der Waschlösung durch Additive bzw. Aufbereitungsschritte, der Absenkung der Regenerationstemperatur sowie Verbesserung der dem Absorber nachgeschalteten Wascheinheit kann die Bildung bzw. Emission an Nitrosaminen gesenkt werden [75] [76].

Der Energiebedarf des Prozesses wird im Wesentlichen durch den Energiebedarf für die Regeneration des Amins bestimmt [77]. Die Ergebnisse von Prozesssimulationen zeigen, dass ca. 57% bis 66% des Wirkungsgradverlusts durch den Energiebedarf der Aminregeneration verursacht werden [43] [78]. Dabei steht der zur thermischen Regeneration aus dem Wasser-Dampf-Kreislauf des Kraftwerks entnommene Niederdruckdampf nicht mehr zur Produktion von Elektrizität durch die Kraftwerksturbine zur Verfügung. Entscheidend für die Höhe des Wirkungsgradverlusts sind dabei der Druck sowie die Temperatur des entnommenen Dampfs. Der weitere Energiebedarf wird durch die Kompression des abgetrennten CO_2 verursacht und beträgt ja nach Anzahl der Kompressionsstufen und in Abhängigkeit der spezifischen CO_2-Emissionen des Brennstoffs 24 bis 26% des Wirkungsgradverlusts. Der restliche Energiebedarf wird durch die Pumpen zur Förderung der Waschlösung bzw. des Kühlwassers, das Gebläse des Absorbers und sonstige Hilfsaggregate verursacht. Bei der Regeneration verteilt sich die benötigte Energie auf die Anteile Waschmittelerwärmung, Desorptionsenthalpie und Strippdampferzeugung [79] [80] [81]. Dabei entspricht die Reaktionsenthalpie des Amins mit CO_2 der Desorptionsenthalpie, wobei diese vom verwendeten Amin abhängt. Für MEA wird im relevanten Beladungsbereich ein nahezu konstanter Wert von 80kJ/mol CO_2 angenommen. Basierend auf diesem Wert und den Untersuchungen von [82] verteilt sich der Energiebedarf bei der Regeneration einer 30%-igen MEA-Lösung zu 50% auf die Desorptionsenthalpie, zu 30% auf die Strippdampferzeugung und zu 20% auf die Waschmittelerwärmung. Zu berücksichtigen bleibt, dass diese Werte teilweise von den Betriebsbedingungen der Anlage abhängen. Dennoch wird deutlich, dass bei MEA auf Grund der hohen Reaktionsenthalpie der Anteil des Energiebedarfs für die CO_2-Freisetzung und den benötigten Strippdampf die wesentlichen Anteile sind. Während die Reaktionsenergie und der Strippdampf vom verwendeten Amin abhängen, wird der Energieanteil für die Waschmittelerwärmung von der Umlaufrate und dem rich-lean-Wärmetauscher definiert. Berechnet man die wahren Energiemengen aus dieser Darstellung unter der Annahme, dass für die Regeneration ein Gesamtbedarf von 4MJ/kg CO_2 notwendig ist, ergibt sich für die Desorptionsreaktion ein Energiebedarf von 2MJ/kg, für die Strippdampfproduktion von 1,2MJ/kg und für die Waschmittelerwärmung von 0,8MJ/kg. Dadurch wird deutlich, dass zur Einsparung von Energie die Umlaufrate im Vergleich zur Reduktion der Reaktionswärme ein deutlich geringeres Potential zur Energieeinsparung besitzt. Da die Reaktionsenthalpie und der Strippdampfbedarf vom verwendeten Amin abhängen, ist das erzielbare Einsparpotential beim Energiebedarf deutlich größer. Allerdings muss berücksichtigt werden, dass die Verwendung von alternativen Aminen bzw. Amingemischen nicht nur den Anteil eines Energieanteils reduzieren, sondern dass sich die Anteile aller Energieformen verschieben, sich aber ein geringerer Gesamtenergiebedarf ergibt. Aus den zuvor dargestellten Einflussgrößen auf den Wirkungsgradverlust sowie der Verteilung der einzelnen Energieanteile ergibt sich, dass bei der Weiterentwicklung des Verfahrens das Waschmittel im Fokus der Arbeiten stehen sollte.

2.3.3 Bekannte Verfahren im Bereich der nachgeschalteten CO_2-Wäsche

Bereits seit mehreren Jahren werden verschiedene Waschprozesse zur Abtrennung von CO_2 aus Gasen auf dem Markt angeboten oder technisch eingesetzt. Dabei handelt es sich um Anlagen zur Aufbereitung von Gasen wie Erdgas oder zur Produktion und Gewinnung von CO_2. Die Aufbereitung von Erdgas und gleichzeitige Speicherung des CO_2, wie sie großtechnisch im Sleipner-Feld bereits seit mehr als 12 Jahren angewandt wird [83], wurde allerdings nur selten realisiert [84]. Im Gegensatz dazu kann die CO_2-Abtrennung auch zur Produktion von lebensmitteltauglichem CO_2, vor allem in der Getränkeindustrie, eingesetzt werden. Des Weiteren besteht die Möglichkeit CO_2 in Ölfeldern zur Steigerung der Ausbeute in der 2. bzw. 3. Abbauphase einzupressen. Das CO_2 wird hierfür aus Rauchgasen durch einen Waschprozess gewonnen und zum Ölfeld transportiert. Bei der Einpressung zur gesteigerten Ölförderung (enhanced oil recovery, EOR) steigert das CO_2 den Druck im unterirdischem Ölreservoir, mischt sich mit dem Erdöl und senkt somit die Zähigkeit des Rohöls, wodurch sich die Ausbeute und die Nutzungsdauer der Öllagerstätte erhöht [85] [86]. Eine weitere Anwendung der CO_2-Wäsche liegt im Bereich der technischen Produktion von Düngemitteln. Diese werden in chemischen Anlagen unter Zugabe von CO_2 erzeugt, wobei kein vollständiger CO_2-Umsatz stattfindet. Durch Einsatz einer CO_2-Wäsche kann das CO_2 zurückgewonnen und erneut eingesetzt werden [87] [88]. Während die genannten Techniken nicht die dauerhafte Abtrennung des CO_2 zum Ziel hatten, wurden im Rahmen dieser Aktivitäten einige kleinere Anlagen in kohlebefeuerten Kraftwerken gebaut und betrieben [89]. Dabei entwickelte jeder Hersteller sein eigenes Wäscherkonzept und seine eigene Waschlösung.

Fluor war eines der ersten Unternehmen, die den Prozess der Aminwäsche einsetzten und weiterentwickelten. Als Waschlösung setzt Fluor eine 30%-ige MEA-Lösung ein, wobei der Waschlösung Additive zur Korrosionsminderung und zum Schutz gegen die Degradation durch Sauerstoff zugegeben werden [29]. Der unter dem Namen „Fluor Econamine FG Plus“ geführte Prozess stellt die neuste Entwicklung von Fluor dar. Bild 13 zeigt schematisch eine Variante des neu entwickelten Prozesses.

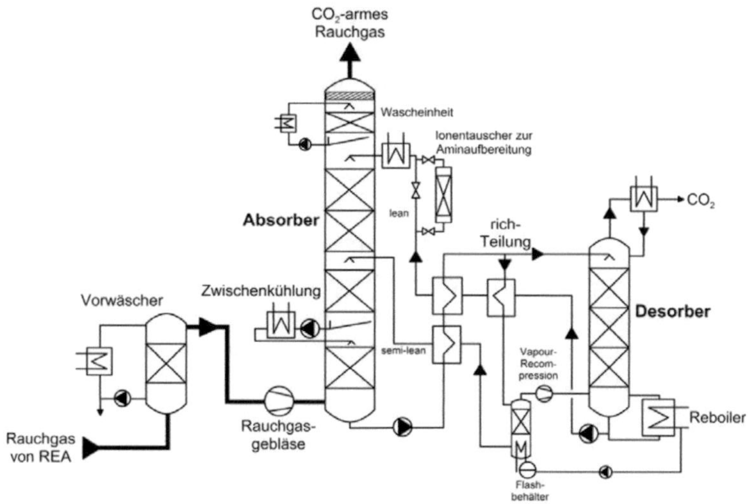

Bild 13: Verfahrensschema des optimierten Econamine FG Plus Prozesses [68] [92]

Die entscheidende Verbesserung des Verfahrens liegt im Bereich des Energiebedarfs zur Regeneration der Aminlösung. Dabei erreicht der verbesserte Prozess mit 3,2MJ/kg CO_2 im Vergleich zum herkömmlichen Prozess, der einen Energiebedarf von ca. 4,2MJ/kg CO_2 aufweist, einen um 20% geringeren Wert [29] [90] [91]. Wesentliche Verbesserungen des Verfahrens werden durch den Einsatz einer neuen Waschlösung auf MEA-Basis, einer Zwischenkühlung der teilbeladenen Aminlösung im Absorber, der Nutzung von rückgeführtem Dampf der regenerierten Aminlösung in den Desorber und einer verbesserten Aufbereitung der Aminlösung erzielt. Des Weiteren existiert eine Verschaltungsvariante als Split-Flow-Desorber mit Wärmeintegration [92]. Die Zwischenkühlung im Absorber wird auf Grund der Tatsache, dass bei der CO_2-Absorption durch die Aminlösung Wärme frei wird und sich somit die

Waschlösung erwärmt, wodurch wiederum das treibende Gefälle für die CO_2-Aufnahme abnimmt, angewandt. Dabei begrenzt die Temperatur der Waschlösung die maximal absorbierbare Menge an CO_2. Um diesem Effekt entgegen zu wirken, wird die Lösung nach teilweiser Beladung mit CO_2 nochmals aus dem Absorber geführt, gekühlt und erneut zur CO_2-Absorption verwendet. Durch dieses Vorgehen steigt die absolut aufgenommene Menge an CO_2 an, was sich positiv auf die Regeneration auswirkt. Die Rückführung des Dampfes aus der Flashbehandlung (Unterdruckkessel) der regenerierten Waschlösung nach dem Desorber zurück in den Desorber ermöglicht es, die Menge an neu für die Strippung des CO_2 produzierten Dampfes zu senken. Dies bedeutet, dass weniger Energie zur Erzeugung des gesamten Strippdampfs notwendig ist, wodurch weniger Energie zur Regeneration der Waschlösung notwendig ist. Die veränderte Aufbereitung der Aminlösung verzichtet auf den sogenannten Reclaimer. Dies führt dazu, dass keine zusätzlichen Anlagenteile, die mit Dampf vom Kraftwerk versorgt werden müssen, benötigt werden. Vielmehr wird die Waschlösung über einen Ionenaustauscher geführt und die Waschlösung aufbereitet, was zu einer verminderten thermischen Belastung der Waschlösung beiträgt.

Mitsubishi Heavy Industries (MHI) kann als weiterer, erfahrener Anbieter der CO_2-Wäschetechnologie gesehen werden. MHI entwickelte bereits in den 80er Jahren neue Waschlösungen und Packungen für spezielle Anlagen zur CO_2-Wäsche. Das Resultat der Arbeiten sind die Waschlösungen KS-1, KS-2 und KS-3 sowie die Packung KP-1. Während die Packung den Druckverlust des Absorbers um bis zu 85% senken kann [94], zielt die Entwicklung der Amine auf die Senkung des Bedarfs an Regenerationsenergie ab, wobei der Schwerpunkt der Arbeiten auf der Waschlösung KS-1 liegt [95] [96]. KS-1 ist weniger anfällig gegenüber Sauerstoff, wodurch das Verfahren, das in Bild 14 schematisch dargestellt ist, auf einen Reclaimer verzichten kann [93] [94]. Bei den in der Waschlösung KS-1 verwendeten Aminen soll es sich um sterisch gehinderte Amine handeln, die zu einer deutlichen Reduktion des Energiebedarfs beitragen. Im Gegensatz zu den technischen Verbesserungen beim Fluor-Prozess reicht der Einsatz von speziellen Waschlösungen beim MHI-Prozess aus, um zu einer Verbesserung zu führen. Allerdings besteht beim MHI-Prozess ebenfalls die Möglichkeit einer weiteren Wärmeintegration sowie Energiereduktion durch Dampfrückführung.

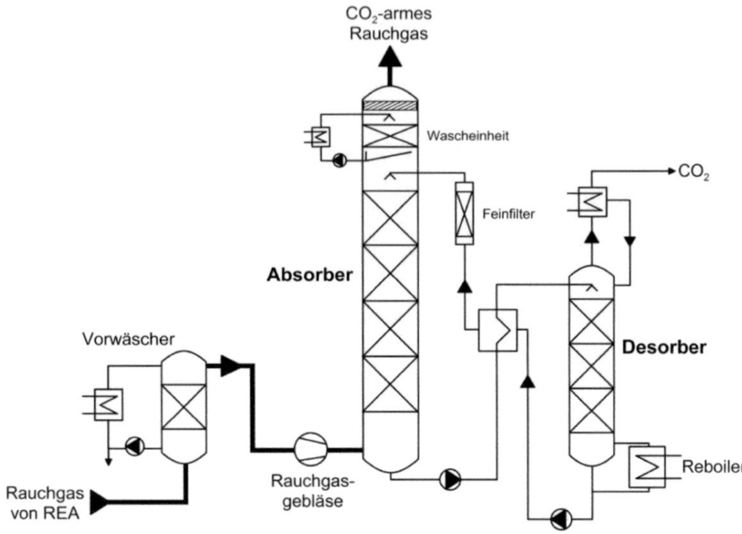

Bild 14: Verfahrensbild des MHI-Prozesses [96]

Cansolv Technologies Inc. bietet erst seit kurzem ein Verfahren zur CO_2-Abtrennung auf dem Markt an, wobei das Unternehmen bereits über Erfahrungen bei der Rauchgasreinigung verfügt. Dabei entwickelte das Unternehmen zwei neue Waschmittel mit dem Namen Cansolv Absorbent DS und Cansolv Absorbent DC 101, wobei es sich dabei um Diamine bzw. ein Gemisch aus tertiärem Amin mit einem sekundären Amin als Aktivator sowie einem Additiv zum Schutz vor Sauerstoffdegradation handelt [97] [98]. Das Verfahrensbild entspricht dem klassischen Prozessschema aus Absorption und Desorption ohne besondere Modifikationen, so dass beim Cansolv Prozess die Energieersparnis durch den Einsatz der speziellen Waschlösung erreicht wird.

Die BASF SE entwickelte bereits vor Jahren einen Prozess zur Aufbereitung von Prozessgasen. Dabei kommt das sogenannte aMDEA®-Waschmittel zum Einsatz, ein durch Aktivatoren und Additive verbessertes Waschmittel auf Basis von Methyldiethanolamin (MDEA). Wesentlicher Unterschied zu den Verfahren zur CO_2-Abtrennung aus Rauchgasen ist dabei die Tatsache, dass die Produkt- bzw. Prozessgase teilweise unter Druck stehen und somit die Abtrennung des CO_2 einfacher durchgeführt werden kann. Neben dieser Entwicklung beschäftigt sich die BASF SE bereits seit Jahren mit der Verbesserung der Waschmittel für die CO_2-Abtrennung aus Rauchgasen von Kraftwerken. Dazu entwickelte und patentierte sie mehrere neue Waschlösungen im Rahmen von europäischen Forschungsprojekten wie From Capture to Storage – CASTOR und Enhanced Separation and Recovery – CESAR (CASTOR- und CESAR-Reihe) und nationalen Projekten (BASF-Reihe), die unter realen Bedingungen in Versuchsanlagen erprobt wurden bzw. zurzeit erprobt werden [93].

Praxair Inc. setzt zur Verbesserung der CO_2-Wäsche sowohl technische Mittel wie auch ein neues Waschmittel ein. Dieses besteht aus einem Gemisch aus MEA und MDEA, das durch ein Patent in den USA geschützt ist [99]. Als technische Modifikation des Praxair Advanced Amine Process, der schematisch in Bild 15 dargestellt ist, setzt Praxair eine Flash-Trommel ein. In ihr wird durch Anlegen eines Unterdrucks im wesentlichen Sauerstoff aus der Waschlösung entfernt, wodurch die sauerstoffinduzierte Degradation der Waschlösung deutlich gesenkt werden kann [100].

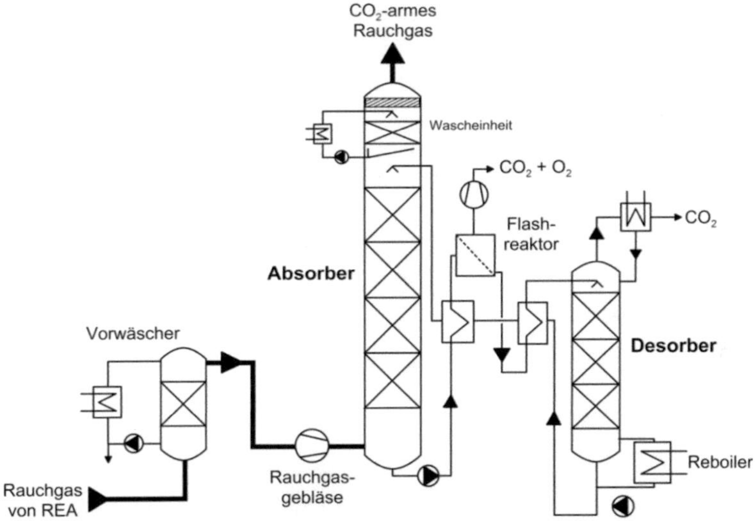

Bild 15: Praxair Advanced Amine Process [100]

Die Siemens AG bzw. der Teilbereich Energy entwickelte ein Verfahren zur Verwendung von Aminosäuresalzen. Durch die Verwendung von Aminosäuresalzen ergeben sich hinsichtlich der Emissionen und des Energiebedarfs für den Abtrennprozess wesentliche Vorteile. Die als Ionen in der Lösung vorliegenden Aminosäuresalze besitzen nahezu keinen Dampfdruck, wodurch keine nennenswerten Emissionen aus dem Absorber auftreten. Darüber hinaus handelt es sich bei Aminosäuren um ein in der Natur vorkommendes Produkt. Im Rahmen von Voruntersuchungen wurde ein

Prozess mit einem Energiebedarf für die Regeneration der Aminosäuresalz-Lösung von 3,5MJ/kg CO_2 entwickelt [101]. Durch technische Modifikationen und eine Optimierung des Prozesses erreichte Siemens im Labormaßstab eine Reduktion des Energiebedarfs auf 2,3MJ/kg CO_2, was zu einem Wirkungsgradverlust von 9,2%-Punkten für ein Kraftwerk mit einem Ausgangswirkungsgrad von 45,7% führt [102].

Ein zur Aminwäsche sehr ähnliches Verfahren wurde von Alstom Power entwickelt. Im Alstom-Chilled-Ammonia-Prozess kommt eine wässrige Lösung von Ammoniak zum Einsatz, wobei eine Kühlung des Rauchgases auf 3°C und eine Kühlung der Waschlösung zur Vermeidung von Ammoniakverlusten notwendig ist. Nach der CO_2-Aufnahme wird die Lösung thermisch regeneriert und das CO_2 gespeichert. Ammoniak stellt im Vergleich zu den Aminen eine wesentlich kostengünstigere Alternative dar. Des Weiteren berechnet Alstom die Wirkungsgradverluste für die Abtrennung zu 3,5%, wobei noch zusätzlich die Verluste zur Kompression anfallen [103]. Wesentliche Nachteile des Verfahrens sind die Gefahr von Ammoniakemissionen und die notwendige Kühlung der Rauchgase und der Absorptionsflüssigkeit. Von Vorteil ist, dass Ammoniak kostengünstig ist und dass Schadgase wie SO_2 und NO_2 ohne negative Folgen für die CO_2-Abtrennung durch die Lösung gebunden werden. Bild 16 zeigt das Verfahrensbild des Prozesses.

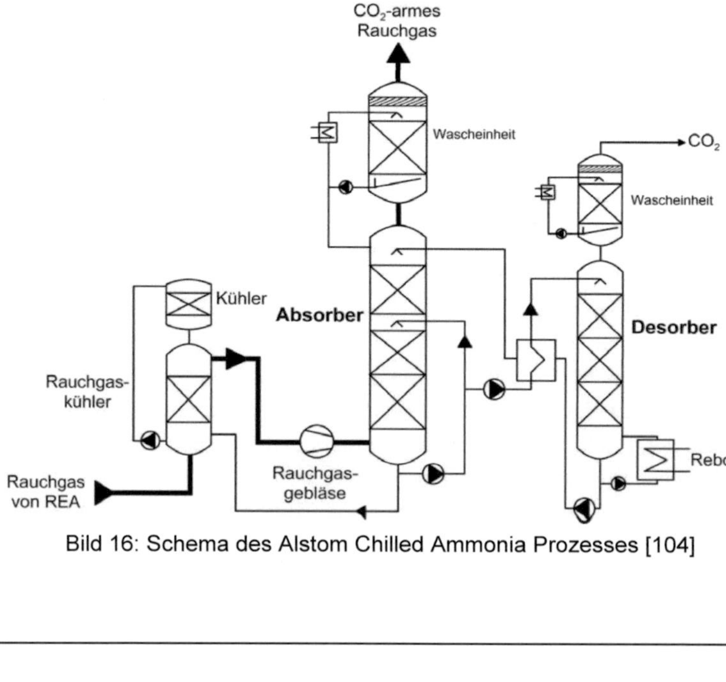

Bild 16: Schema des Alstom Chilled Ammonia Prozesses [104]

2.3.4 Stand der Forschung im Bereich der CO_2-Wäsche

Neben den aktuellen Entwicklungen der Prozesse werden diverse Forschungsprojekte und Laboruntersuchungen zur Entwicklung von aminhaltigen Waschlösungen durchgeführt. Grundlage bildet dabei die Tatsache, dass die Verwendung alternativer Amine bzw. die Kombination von tertiären Aminen mit Aktivatoren zu einer Reduktion des benötigten Energiebedarfs zur Regeneration und somit zur Senkung des Wirkungsgradverlusts führen.

Bedeutende Projekte im Zusammenhang mit der Entwicklung von neuen Aminen sind das Projekt „From Capture to Storage – CASTOR" und das Projekt „Enhanced Separation and Recovery – CESAR". Im Rahmen beider Projekte wurden bzw. werden neue Waschlösungen entwickelt. Wie in [77] beschrieben, benötigen die beiden neuen Waschmittel CASTOR-1 und CASTOR-2 weniger Regenerationsenergie als MEA. Sie bestehen dabei aus der Mischung eines tertiären Amins mit einem Aktivator, was sich nach [105] deutlich vorteilhaft auf den Energiebedarf auswirkt.
[106], [107] und [108] beschäftigten sich intensiv mit dem Zusammenhang des Molekülaufbaus und dem Verhalten der Amine bei der Ab- und Desorption. Dabei wurden die Aminlösungen mit reinem CO_2 bis zur Gleichgewichtsbeladung behandelt. Für die Regenerationsversuche wurden die Lösungen dagegen bei erhöhter Temperatur mit Stickstoff gespült und die Lösung dadurch regeneriert. Die Versuche zeigten, dass der Molekülaufbau wesentlichen Einfluss auf die Reaktionsgeschwindigkeit und Beladung besitzt. Sterische Hinderung der Aminogruppe, die Möglichkeit der Ringbildung und die Erhöhung der Anzahl an funktionellen Gruppen bzw. die Form der Seitenketten ergaben einen positiven Einfluss auf die Reaktionsrate und Aufnahmekapazität der Amine. Die Erhöhung der Anzahl an Hydroxylgruppen hatte dagegen einen negativen Einfluss auf die CO_2-Absorption. Bei der Regeneration wirken ebenfalls die sterische Hinderung und die Molekülkettenlänge vorteilhaft auf die Austreibung des CO_2 aus der Lösung. [106], [107] und [108] untersuchten des Weiteren zu MEA alternative Amine mittels Kalorimeteruntersuchungen zur Ermittlung der Absorptionsenthalpie und durch Simulation. Die Versuche zeigten, dass die Arbeitskapazität und der Energiebedarf zur Regeneration wesentlich von der Beladung des Amins nach der Absorption beeinflusst sind. Ein Ergebnis der Versuche war die Auswahl von 2-(2-aminoethyl-amino)ethanol (AEAE), das im Vergleich zu MEA mit weniger Energieeinsatz regeneriert werden kann.

Untersuchungen von [109] und [110] konzentrierten sich auf sterisch gehinderte Amine, bei denen durch Seitenketten in der Molekülstruktur eine Abschirmung der Aminogruppe erfolgt. Die Versuche zeigten, dass die sterische Hinderung der Aminogruppe zu einer Erhöhung der aufgenommenen CO_2-Menge und zu einer Steigerung der Absorptionsrate führt. Des Weiteren konnte [110] zeigen, dass die Desorption des CO_2 bei sterischen Aminen erleichtert stattfindet. [111] untersuchte ebenfalls sterisch gehinderte Amine und konnte zeigen, dass eine Mindestanzahl an Seitengruppen notwendig ist, um eine deutliche Steigerung der aufgenommenen CO_2-Menge zu erreichen. Des Weiteren beobachtete er eine Abnahme der Reaktionsrate. Darüber hinaus zeigten seine Analysen und Berechnungen, dass eine ausgeprägte sterische Hinderung zu einer Verschiebung der CO_2-Bindungsform von der Carbamat- hin zu Hydrogencarbonat-Bindung führt und somit die absorbierbare CO_2-Menge steigt.

Neben dem Effekt der sterischen Hinderung kann der Energiebedarf auch durch die Mischung von Aminen gesenkt werden. [111] untersuchten das Ab- und Desorptionsverhalten einzelner Amine und Amingemische. Dazu führten sie in Laborkolonnen Versuche durch und ermittelten das Verhalten der Lösung bei der Absorption hinsichtlich der Absorptionsrate der Lösungen. Dabei zeigte sich, dass die Absorptionsrate von der aktuellen CO_2-Beladung der Lösung abhängt und dass die Mischungen aus tertiären Aminen mit den Aktivatoren MEA oder DEA deutlich geringere Reaktionsraten aufweisen. Bei der Regeneration ermittelten sie, dass die Zugabe eines tertiären Amins zu einer Senkung des benötigten Energiebedarfs zur Regeneration führt. Darüber hinaus ermittelten sie die Verteilung der bei der Regeneration eingetragenen Energie auf die Anteile „Reaktionswärme“, „Aufwärmung der Lösung“ und „Erzeugung von Strippdampf“. Dabei zeigte sich, dass bei Mischungen aus Aktivatoren und tertiären Aminen der größte Teil der eingetragenen Energie für die Spaltung der Bindung verwendet wird. Dadurch kann die Mischung mit weniger Energieaufwand als MEA regeneriert werden.

[112] führten Experimente im Labor zur Regeneration verschiedener Amine durch. Sie untersuchten den Einfluss der Aminbeladung am Eintritt des Desorbers, die Eintrittstemperatur der beladenen Waschlösung am Desorber und die Temperatur des Verdampfers anhand der Amine MEA, DEA und MDEA sowie Mischungen dieser Amine. Dabei zeigte sich, dass eine hohe Beladung der Amine am Eintritt verbunden mit einer hohen Eintrittstemperatur der Waschlösung zu einer Senkung des Energiebedarfs zur Regeneration führt. Stark ausgeprägt ist die Energieersparnis bei der Absenkung der Temperatur des Verdampfers und bei der Verwendung zu MEA alternativer Amine bzw. Amingemische.

Berechnungen von [113] zeigten, dass durch den Einsatz von MEA/ MDEA in Kombination mit einem innovativen Wäscherdesign der Wirkungsgradverlust im Vergleich zum konventionellen Einsatz von MEA um bis zu 4%-Punkte geringer ausfallen kann. Allerdings ist dazu der Einsatz eines speziellen Desorbers notwendig, der neben den höheren Anlagenkosten ebenfalls zu einem deutlich komplizierteren Anlagenbetrieb führt. [114] betrachtete den Zusammenhang zwischen der Umlaufrate der Waschlösung und dem Energieeintrag in den Desorber und konnte dabei einen eindeutigen Zusammenhang der beiden Parameter nachweisen. Dieser Sachverhalt ergab sich auch bei den Untersuchungen von [115]. Des Weiteren ergaben ihre Untersuchungen, dass eine Vergrößerung der Absorberfläche auf Grund des verbesserten Stoffaustauschs zu einer Absenkung des Energiebedarfs zur Regeneration führt, während der Mehraufwand für die verbesserte Absorption geringer ausfällt. Im Desorber limitiert die Reaktionsrate des Systems im Gegensatz zu den Vorgängen im Absorber nicht den Übergang des CO_2 aus der Waschlösung in die Gasphase. Daher kamen sie zum Schluss, dass das Desorberdesign deutlich kleiner als der Absorber ausfällt und zur Senkung des Bedarfs an Regenerationsenergie nicht überdimensioniert werden sollte.

Basierend auf Ergebnissen des CASTOR-Projekts verglichen [116] verschiedene Simulationsprogramme zur Abbildung der realen Versuchsdaten. Die Programme errechneten als optimale Beladung der Waschlösung nach der Regeneration einen Wert von 0,24 bis 0,25mol CO_2/ mol Amin, einen Wert der den Werten aus Messungen in Versuchsanlagen entspricht. Des Weiteren wurden die Anteile der Regenerationsenergie berechnet. Dabei führte ausgehend vom Optimum eine hohe Regenerationsrate der Waschlösung zu einem wesentlich höheren Energiebedarf als eine geringe Regenerationsrate. Dies wird durch den hohen Bedarf an Strippdampf, der für eine geringe Restbeladung notwendig ist, verursacht. Bei einer hohen Restbeladung ist dagegen eine geringe Menge an Strippdampf notwendig, allerdings muss eine deutlich gesteigerte Menge an Waschlösung umgewälzt werden, um eine vergleichbare CO_2-Menge abzutrennen. Dies hat zur Folge, dass eine große Menge an Waschlösung auf die Verdampfungstemperatur erwärmt werden muss.

Im Rahmen von Untersuchungen verglichen [117] die Waschmittel MEA und MEA/ MDEA unter realen Rauchgasbedingungen in einer Pilotanlage mit einer Kapazität zur Abtrennung von 4t CO_2/d. Ziel der Untersuchungen war es, den Energiebedarf der beiden Lösungen unter realen Anlagenbedingungen zu bestimmen. Des Weiteren wurde der Abbau der Lösung über die Betriebsdauer ermittelt. Die Werte wurden mit einer kleineren Modellanlage (Kapazität 1t CO_2/d) verglichen. Die Versuche zeigten, dass zur Regeneration einer MEA/ MDEA-Lösung weniger Energie notwendig ist. Des Weiteren zeigte sich, dass dies vorwiegend durch eine vereinfachtere Regeneration hervorgerufen wird. Dies bedeutet, dass die beiden Lösungen eine vergleichbare Beladung nach dem Absorber erreichen, die MEA/ MDEA-Lösung beim gleichen Energieeintrag stärker regeneriert werden kann und somit weniger CO_2 in der Lösung verbleibt. Dies bedeutet, dass das CO_2 weniger stabil in der Lösung gebunden wird, da das MDEA-Molekül keine direkte Reaktion mit dem CO_2 eingeht (siehe 2.3.2). Des Weiteren ergaben die Untersuchungen, dass im Vergleich zur kleineren Modellanlage ein verstärkter Abbau der Aminlösung erfolgt, wobei die Mischung MEA/ MDEA stärker als die MEA-Lösung geschädigt wurde.

[118] untersuchten im Rahmen des CASTOR-Projekts neue Amine im Labor und in einer Minipilotanlage. Wesentliches Resultat der Experimente war, dass Mischungen aus tertiären Aminen mit Aktivatoren deutliche Vorteile beim Energiebedarf und bei der Umlaufmenge gegenüber MEA aufweisen. Allerdings wurde auch deutlich, dass die Degradation der Aminmischungen gegenüber Monoaminlösungen vergleichbar oder stärker ausgeprägt ist.

Während sich die Untersuchungen im Allgemeinen auf die Verwendung von Aminmischungen und alternativen Anlagekonzepten konzentrieren, entwickelte [119] in Japan neue Amine. Die Untersuchungen basierten auf den Erkenntnissen, dass die Anzahl der Aminogruppen und die Anordnung der Seitenketten einen wesentlichen Einfluss auf die CO_2-Aufnahme besitzen. Darüber hinaus wurden sterisch gehinderte und vorwiegend sekundäre Amine eingesetzt. Durch Untersuchungen zur Absorptionskapazität, der Reaktionswärme und dem Gleichgewicht der CO_2-Konzentration zwischen der Gas- und der Flüssigphase entwickelten sie zwei neue Aminlösungen („Solvent A und B"), die einen Energiebedarf von 2,8 bis 3MJ/kg CO_2 aufweisen und somit eine Reduktion von ca. 25% im Vergleich zu MEA erreichen. Die genaue Zusammensetzung der Aminlösungen wurde allerdings nicht bekannt gegeben.

[120] verglichen mehrere Prozesse bzw. Aminwaschlösungen miteinander. Als Referenz betrachteten sie einen Prozess mit MEA und verglichen diesen mit dem Fluor Econamine-, dem MHI KS-1- und dem Praxair-Prozess. Dabei zeigte sich, dass der MHI KS-1- und der Praxair-Prozess deutlich weniger Dampf zur Regeneration benötigen als der Referenz- und Econamine-Prozess. Des Weiteren weisen die beiden Prozesse eine deutlich geringe Amindegradation auf. Allerdings liegen die Waschmittelkosten der beiden Prozesse deutlich über denen des Referenz- und des Econamine-Prozesses.

Im Rahmen des CASTOR-Projekts wurden die Investitions- und Betriebskosten der CO_2-Wäsche ermittelt. [121] berechnete den Kostenanteil für die Errichtung der Wäscheranlage inklusive der Verflüssigungsanlage zu etwa 50% der Kosten für das Gesamtkraftwerk. [122] dagegen ermittelte den Anteil der Investitionskosten für die CO_2-Abtrennungsanlage zu ca. 40% der Investitionskosten für das Kohlekraftwerk.

Die laufenden Arbeiten zeigen deutlich, dass neben der (Weiter-)Entwicklung der bereits bekannten Prozesse, vor allem die Entwicklung und Erprobung von neuen Waschlösungen den Fokus bilden. Bei der Entwicklung der Waschlösungen konzentrieren sich die Arbeiten auf Mischungen aus tertiären Aminen mit Aktivatoren, da diese ein hohes Potential an Energieersparnis aufweisen. Neben den Arbeiten im Bereich von neuen Waschlösungen erproben vorwiegend die Kraftwerksbetreiber die bekannten Techniken in Pilotanlagen, da bisher nur sehr wenige Erfahrungen mit der Technik der CO_2-Wäsche im Kraftwerksbereich bestehen.

2.3.5 Projekte zur Demonstration der CO_2-Rauchgaswäsche

Im Folgenden werden Pilot- und kommerzielle Anlagen im Bereich der CO_2-Abtrennung beschrieben. Neben diversen Projekten in Deutschland bzw. deutscher Kraftwerksbetreiber werden ebenfalls international bedeutende Projekte dargestellt.

Die RWE Power AG errichtete in Zusammenarbeit mit der Linde Group und der BASF SE eine Pilotanlage zur Behandlung eines Anteils von 0,05% des Rauchgasvolumens des BoA Blocks in Niederaußem. Dies entspricht einer Abtrennleistung von 300kg CO_2/h [123]. Im Rahmen des Projekts übernahm die Linde Group die Planung und den Bau der Pilotanlage sowie die Weiterentwicklung der Wäschertechnologie. Die Errichtung der Anlage am Standort Niederaußem erfolgte im März 2009. Der Wäscher hat eine Höhe von 40m und beinhaltet alle Anlagenteile einer Großanlage. Die BASF SE stellt für die Versuche neu entwickelte, aminhaltige Waschlösungen zur Verfügung, die gegenüber der Referenz MEA deutlich weniger Energie zur Regeneration benötigen sollen. Nach der Inbetriebnahme erfolgt eine Erprobung und Bewertung der neuen Waschlösungen bis Ende 2010, auf deren Grundlage über die Fortsetzung der Arbeiten zur Errichtung einer großtechnischen Demonstrationsanlage entschieden wird. Für die RWE Power AG steht die praxisnahe Erprobung des Verfahrens im Vordergrund. Ziel ist dabei die Optimierung der Wäschertechnologie für braunkohlegefeuerte Kraftwerke als Nachrüstoption. Die Erprobung der Technik und der Waschlösungen, die Weiterentwicklung der Wäschertechnologie und die großtechnische Erprobung sollen bis zum Jahr 2015 abgeschlossen sein [124].

In Großbritannien untersucht RWE npower die Aminwäsche in einer Pilotanlage am Standort Didcot mit einer Abtrennleistung von 1t CO_2 pro Tag. Der Absorber besitzt eine Höhe von 8m und einen Durchmesser von 30cm und trennt mehr als 90% des CO_2 aus dem Rauchgas ab. Des Weiteren plant RWE npower den Bau einer Rauchgaswäscheanlage in Aberthaw in England, um die Rauchgaswäsche unter realen Bedingungen in einem kommerziellen Kohlekraftwerk zu untersuchen [125].

Neben der klassischen CO_2-Wäsche untersucht die RWE Power AG ebenfalls neue Technologien wie die Abtrennung von CO_2 mittels spezieller Algen. Diese Algen befinden sich in Zuchtreaktoren, die mit lebensnotwendigen Stoffen versorgt und mit Rauchgas durchströmt werden. Dabei nehmen die Algen das CO_2 aus dem Rauchgas auf und wandeln es in Biomasse um. Am Kraftwerksstandort Niederaußem wurde zur Untersuchung dieser Technologie eine $600m^2$ große Versuchsanlage errichtet. Allgemein handelt es sich bei der CO_2-Abtrennung durch Algen um eine Technologie mit hohem Platzbedarf und dem Endprodukt Biomasse, das stofflich [126] oder energetisch verwertet werden kann.

Die E.ON Energie AG untersucht die Technologie der CO_2-Abtrennung aus Rauchgasen in diversen Versuchs- und Demonstrationsanlagen. Basierend auf dem klassischen Verfahren der Gaswäsche mittels Ab- und Desorber, konzentriert sich die E.ON Energie AG auf die Weiterentwicklung des Verfahrens hinsichtlich des Wirkungsgradverlusts. Für die E.ON Energie AG sind die Nachrüstmöglichkeit bei Kraftwerken, die geringen Rückwirkungen des Verfahrens auf das Kraftwerk, die hohe CO_2-Reinheit und die bereits heute – obwohl nicht für Großkraftwerke erprobten – auf dem Markt bekannten technischen Lösungen von Vorteil. Neben den hohen Wirkungsgradverlusten sprechen die hohen Betriebskosten, der Platz- und Chemikalienbedarf sowie die fehlenden Erfahrungen der Technologie bei Kohlekraftwerken gegen einen Einsatz der CO_2-Wäsche [127]. Neben den am Markt bekannten Verfahren der Unternehmen wie Fluor Corporation, Mitsubishi Heavy Industries und Cansolv Technologies erprobt die E.ON Energie AG auch einen von Siemens Energy neu entwickelten Prozess. Des Weiteren erfolgt die Erprobung eines Verfahrens mit neuen Waschlösungen in Zusammenarbeit mit TNO sowie eines von Alstom patentierten Verfahrens, bei dem Ammoniak als Waschlösung zum Einsatz kommt.

Im Rahmen des Projekts mit Fluor Corporation wird eine Pilotanlage am Kraftwerk Wilhelmshaven errichtet. Die Anlage soll 2010 in Betrieb gehen und den von Fluor entwickelten Prozess „Econamine FG plus“ verwenden [128]. Dieser Prozess basiert auf dem Amine MEA, wobei durch die Zugabe von Additiven und die Optimierung des Prozesses wesentliche Verbesserungen erzielt wurden. In der Pilotanlage soll ein Rauchgasvolumen von 16.000m^3_N/h behandelt werden. Durch die Zusammenarbeit soll einerseits die Machbarkeit des Verfahrens bei Kohlestaubfeuerungen erprobt sowie die Weiterentwicklung des Verfahrens vorangetrieben werden. Fluor verfügt dabei über eine langjährige Erfahrung im Bereich der Gasaufbereitung bzw. des Verfahrens der CO_2-Abscheidung.

In einem weiteren Projekt kommt das von Mitsubishi Heavy Industries (MHI) patentierte Verfahren zum Einsatz [128]. An einem noch zu bestimmenden Kraftwerksstandort soll die bestehende Technologie im Hinblick auf den Einsatz in Kohlekraftwerken weiterentwickelt werden. MHI verfügt dabei über die notwendige Erfahrung im Bereich der CO_2-Abtrennung auf Grund der bereits realisierten Anlagen nach dem MHI-Prozess aus dem Bereich der Düngemittelproduktion. In der Pilotanlage soll ein Rauchgasvolumenstrom von 20.000m^3_N/h behandelt werden. Im Rahmen des Testbetriebs wird eine weitere Reduktion des Dampfbedarfs zur Regeneration angestrebt bzw. es wird untersucht, in wie weit die Parameter (Druck, Temperatur) des vom Kraftwerk bereit gestellten Dampfs reduziert werden können.

Als dritte Pilotanlage errichtet E.ON in Zusammenarbeit mit Cansolv Technologies am Kraftwerksstandort Heyden eine Anlage, die ebenfalls einen Volumenstrom von 20.000m^3_N/h behandeln soll [128]. Zum Einsatz kommt das von Cansolv Technologies patentierte Waschverfahren bzw. das von Cansolv entwickelte Waschmittel. Die Anlage ist mit einer Absorberhöhe von 40m, einem Absorberdurchmesser von 2,5m und einem Flächenbedarf von ca. 200m^2 eine der größten Anlagen dieser Art.

In Zusammenarbeit mit Siemens Energy wurde eine Anlage zur Realisierung des von Siemens auf Aminosäuresalzen basierenden CO_2-Abtrennprozesses am Kraftwerk Staudinger errichtet. In dieser Anlage, die für einen Rauchgasvolumenstrom von 150m^3_N/h ausgelegt ist, setzt Siemens sein neues Waschmittel erstmals unter Kraftwerks-Bedingungen ein [101]. Durch den Betrieb des Verfahrens sollen die Laborkenndaten validiert, Werte für das Langzeitverhalten der Aminosäure-Waschlösung gesammelt, ein bestehendes Simulationsmodell verbessert und weitere alternative Aminosäure-Lösungen getestet werden. Basierend auf den Ergebnissen des Betriebs der Anlage wird über den Bau einer Demonstrationsanlage entschieden [129].

Ein ebenfalls auf Aminosäure-Salzen basierendes Verfahren von TNO erprobt E.ON im Kraftwerk Maasvlakte in den Niederlanden. Im Rahmen des CATO-Projekts wurde eine Pilotanlage für einen Rauchgasvolumenstrom von 1.250m^3_N/h errichtet. Bei den

Versuchen wurden von TNO entwickelte Aminosäure-Salze und Membrankontaktoren getestet und erprobt [130]. Basierend auf den Ergebnissen werden die Arbeiten in einem weiteren Projekt namens CATO-2 fortgesetzt [131].

Um möglichst viel Erfahrung mit der Rauchgaswäsche bei unterschiedlichen Kraftwerksarten zu sammeln, ist die E.ON Kraftwerke AG an einem gemeinsamen Projekt mit Hitachi Power Europe und Electrabel am Bau einer mobilen Wäscheranlage beteiligt. Diese bietet die Option des Einsatzes an verschiedenen Kraftwerksstandorten und ist für einen Volumenstrom von 5.000$m^3{}_N$/h ausgelegt. Sie besteht aus modularen Einheiten, die innerhalb kürzester Zeit auf- und abgebaut sowie transportiert werden können [128] [132].

Als Alternative zum Einsatz von Aminen bzw. von Aminosäuresalzen erprobt E.ON die Rauchgaswäsche mit Ammonik in Zusammenarbeit mit Alstom am Kraftwerksstandort Karlshamn in Schweden. Die Anlage trennt aus dem Rauchgas eines ölbefeuerten Heizkessels pro Tag etwa 30t CO_2 ab [128].
In England plant E.ON den Bau eines Kraftwerks mit CO_2-Wäsche in Kingsnorth. Dabei soll die CO_2-Wäsche großtechnisch erprobt, der Transport des CO_2 in Pipelines untersucht und das CO_2 in der Nordsee gespeichert werden [129].

Die Vattenfall Europe Generation AG plant am Kraftwerksstandort Jänschwalde die Nachrüstung eines Kraftwerksblocks mit einer Aminwäsche, die einen Teilstrom des Rauchgases behandeln soll. Die Rauchgasmenge entspricht dabei einer Feuerungswärmeleistung von ca. 50MW. Ebenfalls soll das Steinkohlekraftwerk im dänischen Nordjyllandsvaerket mit einer Wäschertechnologie nachgerüstet werden. Für beide Projekte haben die Planungsarbeiten bereits begonnen und es wird mit einer Inbetriebnahme zwischen 2013 und 2015 gerechnet [133] [134].

Die EnBW AG errichtet zur Zeit eine Anlage zur Untersuchung der Aminwäsche am Kraftwerksstandort Heilbronn. Diese Anlage soll einen Teilstrom von 1.150$m^3{}_N$/h des Rauchgases des Kohlekraftwerks behandeln und 300kg CO_2 pro Stunde abtrennen. Die Inbetriebnahme soll im Jahr 2010 erfolgen [135]. Ebenfalls untersucht die EnBW AG die CO_2-Abtrennung mittels Mikroalgen aus Rauchgasen. Dazu wurde eine Pilotanlage zur Behandlung von Rauchgasen eines BHKWs in Zusammenarbeit mit der Subitec GmbH errichtet. Zur effizienten Algenzucht wurden dazu spezielle Bioreaktoren entwickelt und in die Anlage integriert [136].

In Italien wird im Rahmen eines Kooperationsprojekts zwischen den italienischen Konzernen ENEL und ENI die CO_2-Wäsche untersucht [137]. Während ENEL eine Pilotanlage mit einer Abtrennleitung von 2,5t CO_2/h [138] am Standort des Kohlekraftwerks in Brindisi errichtet, wird ENI den Transport des CO_2 mittels Pipeline zur Speicherstätte übernehmen. Die Anlage wird im Jahr 2010 in Betrieb genommen. Basierend auf den Ergebnissen wird ENEL über den Bau einer Demonstrationsanlage am Kraftwerksstandort Porto Tolle (660MW_{el}) entscheiden [138].

Seit 1996 wird bei der Erdgasgewinnung aus dem Sleipner-Gasfeld in der Nordsee CO_2 aus dem Erdgas abgetrennt und direkt vor Ort wieder im Untergrund gespeichert [139]. Die CO_2-Abtrennung erfolgt auf Grund des hohen CO_2-Gehalts des Erdgases, der anfallenden CO_2-Steuer und der örtlichen Gegebenheiten direkt auf der Erdgasplattform. Als Waschlösung wird eine MDEA-Aminlösung verwendet, wobei der Druck des Erdgases deren Einsatz bevorzugt. Bedeutende Daten wurden durch die Beobachtung des gespeicherten CO_2 gewonnen, so dass einerseits grundlegende Vorgänge der CO_2-Ausbreitung im Untergrund beobachtet und andererseits Berechnungsprogramme zur Ausbreitung erstellt werden konnten.

In den USA wurde eine Vielzahl von Anlagen zur CO_2-Abtrennung aus Rauchgasen errichtet. Meist werden sie im Teilstrom von Gasfeuerungen betrieben, wobei einzelne Anlagen das CO_2 aus dem Rauchgas von Kohlefeuerungen gewinnen. Grund für die Errichtung der CO_2-Abtrennanlagen war einerseits der steigende Ölpreis in den 80er Jahren, so dass das CO_2 zur vermehrten Ölförderung verwendet wurde (EOR). Andererseits konnte das abgetrennte CO_2 als kostengünstige Rohstoffquelle für weitere Produkte (Lebensmittelproduktion) verwendet werden. Sinkende Preise für Öl und den Rohstoff CO_2 führten zur Abschaltung einiger Anlagen, so dass heute nur noch wenige in Betrieb sind. Eine der ersten Anlagen wurde in Trona errichtet. Sie besitzt eine maximale Kapazität von 800t CO_2/d, das aus dem Rauchgas einer Kohlefeuerung abgetrennt wird und als Ausgangsstoff für chemische Produkte verwendet wird [140]. Am Standort Shady Point werden täglich 200t CO_2 aus dem Rauchgas einer Kohlefeuerung abgetrennt und zur Lebensmittelproduktion bzw. für Kühlprozesse verwendet. Zur Abtrennung wird der von ABB Lummus Crest entwickelte Prozess eingesetzt, der auf einer 20%-igen MEA-Waschlösung basiert [140]. Nach dem gleichen Prinzip wird am Standort Warrior Run seit dem Jahr 2000 CO_2 für die Lebensmittelproduktion gewonnen [140]. Neben dem ABB Lummus Crest Prozess wird ebenfalls der bekannte Econamine FG Prozess von Fluor an einigen Standorten eingesetzt. Dazu zählt z.B. die Anlage in Bellingham (Gasfeuerung) [140] [141], bei der eine 30%-ige MEA-Lösung verwendet wird.

Der Fluor-Prozess wird ebenfalls zur Rückgewinnung von CO_2 bei der Düngemittelproduktion bei der Produktionsanlage Indo (Indien) angewandt. Dabei wird das CO_2 aus dem Produktgas ausgewaschen und wieder in den Kreislauf als Rohstoff eingespeist, was zu einer deutlichen Kostensenkung beiträgt [140]. Eine weitere Anlage befindet sich am Standort Chiba in Japan. Mit Hilfe des Fluor-Prozesses werden 165t CO_2 am Tag abgetrennt. Das Rauchgas stammt von einer Gas- bzw. einer Kohle-/ Ölfeuerung und das CO_2 wird in der Lebensmittelindustrie verwendet [140].

Eine der größten Anlagen ist die Gasaufbereitung in In Salah in Algerien. Das dort gewonnene Erdgas wird durch den von der BASF SE patentierten aMDEA-Prozess aufbereitet. Jährlich werden etwa 1,4 Mio. m^3 CO_2 abgetrennt und gespeichert [142].

In Japan entwickelte Mitsubushi Heavy Industries in Zusammenarbeit mit Kansai Electric Power Co. neue Waschlösungen mit den Namen KS-1 bis KS-3, wobei sich KS-1 kommerziell durchsetzte. Im Rahmen der Entwicklung errichteten die Partner eine Pilotanlage mit einer Abtrennleistung von 2t CO_2 pro Tag [140]. Zur weiteren Entwicklung wurde eine weitere Pilotanlage zur Behandlung von Rauchgas einer Kohlefeuerung mit einer Abtrennleistung von 10t CO_2/d errichtet [28]. Kommerziell wurde das Waschverfahren bereits in Japan, Malaysia und Indien in einem Größenbereich von 200 bis 450t CO_2/d angewandt. Bei allen kommerziellen Anlagen handelt es sich um Anlagen zur Produktion von Düngemitteln. Weitere Anlagen sind in Planung bzw. befinden sich im Bau, wobei die Kapazität bis auf 800t CO_2/d gesteigert wurde [140] [28].

Eine Übersicht der bedeutenden Anlagen mit CO_2-Waschprozessen zeigt Tabelle 1.

Tabelle 1: Übersicht der Anlagen zur CO_2-Abtrennung mit Waschverfahren

Kategorie	Betreiber	Abtrennleistung/ Rauchgasvolumenstrom	Standort/ Rauchgasquelle	Verfahren
CO_2 aus Rauchgasen – Anlagen im Betrieb	RWE npower	1t CO_2/d	Didcot (UK)/ Kohlefeuerung	Aminwäsche
	Siemens/ EON	150m^3_N/h	Staudinger Kohlefeuerung	Aminosäuresalze/ Siemens-Prozess
	MHI	2t CO_2/d	Osaka (JP) Kohlefeuerung	KS-1
	RWE/ Linde/ BASF	7,2t CO_2/d	Niederaußem/ Braunkohlefeuerung	Aminwäsche
	TNO/ EON	1.250m^3_N/h	Maasvlakte/ Kohlefeuerung	Aminosäuresalze/ TNO-Waschmittel
	MHI	10t CO_2/d	Osaka (JP)/ Kohlefeuerung	KS-1
	Dong Energy	24t CO_2/d	Esbjerg (DK)/ Kohlefeuerung	Aminwäsche
	Hitachi/ EON/ Electrabel	5.000m^3_N/h	variabel (mobile Anlage)	Aminwäsche
	Alstom/ EON	30t CO_2/d	Karlshamm (S)/ Ölfeuerung	Ammoniakwäsche Chilled Amonia Prozess Alstom
	AES Corporation	150t CO_2/d	Warrior Run (USA)/ Kohlefeuerung	ABB Lummus Crest
	Sumitomo Chemicals	165t CO_2/d	Chiba (JP)/ Kohle-/ Gas-/ Ölfeuerung	Fluor Econamine FG
	AES Corporation	200t CO_2/d	Shady Point (USA)/ Kohlefeuerung	ABB Lummus Crest
	Northeast Energy	350t CO_2/d	Bellingham (USA)/ Gasfeuerung	Fluor Econamine FG
	IMC Global	800t CO_2/d	Trona (USA)/ Kohlefeuerung	Aminwäsche
CO_2 aus Rauchgasen – Anlagen in Planung/ Bau	Univerität Duisburg-Essen	10.000m^3_N/h	variabel (mobile Anlage)	Aminwäsche/ Carbonatwäsche
	EnBW	7,2t CO_2/d	Heilbronn Kohlefeuerung	Aminwäsche
	ENEL/ ENI	60t CO_2/d	Brindisi (IT)/ Kohlefeuerung	Aminwäsche
	EON	16.000m^3_N/h	Wilhelmshafen Kohlefeuerung	Fluor Econamine FG
	EON	20.000m^3_N/h	Entscheidung steht noch aus Kohlefeuerung	KS-1 MHI-Prozess
	EON	20.000m^3_N/h	Heyden Kohlefeuerung	Cansolv Prozess
	Vattenfall	Rauchgas 50MW	Jänschwalde/ Kohlefeuerung	Aminwäscher
	Vattenfall		Nordjyllandsvaerket (DK)	Aminwäscher
CO_2 aus Erdgas	In Salah	1,4 Mio. m^3_N/d	In Salah (DZ)/ Erdgas	aMDEA (BASF)
	Sleipner		Ölplattform Sleipner-Feld (N)/ Erdgas	MDEA-Wäsche

2.4 *Veranlassung für die durchgeführte Arbeit*

Die Reduktion des Energiebedarfs für die Regeneration der Waschlösung ist der wesentliche Ansatzpunkt für Verbesserungen des Verfahrens, die zur Umsetzung im Großmaßstab notwendig sind. Hauptpunkt ist dabei die Weiterentwicklung der Waschlösung durch Verwendung neuer Amine. Im Allgemeinen wird bei den Forschungsprojekten von einer Vielzahl möglicher Amine ausgegangen und dann durch ein aufwändiges Waschmittelscreening die Auswahl und die Leistungsfähigkeit der Amine eingeschränkt. Neben der Tatsache, dass diese Aminscreenings zeitintensiv und mit hohen Kosten verbunden sind, wird die Aminauswahl ebenfalls von einer Vielzahl an Parametern wie Aminkonzentration, Temperatur, Reaktionskinetik und Degradation beeinflusst. Dies bedeutet, dass die Bestimmungen zur Amincharakterisierung für jedes Amin bei verschiedenen Parametern und unter verschiedenen Bedingungen durchgeführt werden müssen. Ausgehend davon wäre eine Verallgemeinerung bestimmter Eigenschaften der Amine vorteilhaft. Dazu zählt beispielsweise der Einfluss des Aufbaus des Aminmoleküls und dessen Einfluss auf die Eigenschaften. Durch die Ermittlung eines Zusammenhangs bestimmter Aminstrukturen und der CO_2-Beladung oder der Reaktionskinetik, könnte die Auswahl bzw. die Konzeption von Aminmischungen gezielter erfolgen und würde die aufwändige Aminauswahl deutlich vereinfachen. Basierend auf diesen Tatsachen, ist das Ziel der vorliegenden Arbeit, einen Zusammenhang zwischen der Aminstruktur und dem CO_2-Aufnahmevermögen sowie der Arbeitskapazität verschiedener Amine herzustellen. Dazu werden verschiedene Laborversuche unter definierten Bedingungen durchgeführt und Rückschlüsse auf den Einfluss der Struktur durch Vergleich mit ähnlich strukturierten Aminen gezogen.

Als Referenzmedium für die Versuche wurde eine 20%-ige MEA-Lösung gewählt. Einerseits existieren kommerzielle Prozesse, die diese Aminlösung als Waschmittel verwenden und andererseits werden im Rahmen dieser Arbeit Molekülstrukturen mit MEA verglichen, die ein deutlich größeres Molekulargewicht als MEA besitzen. Da die Lösungen als äquivalente Lösungen zur 20%-igen MEA-Lösung, d. h. mit derselben Anzahl an Aminogruppen pro kg Waschlösung, hergestellt werden, enthalten manche Aminlösungen einen deutlich größeren Aminanteil als die MEA-Lösung. Da der Aminanteil einen starken Einfluss auf die Eigenschaften der Lösung besitzt und bei Konzentrationen über 50% die Aminlösungen deutlich zähflüssiger werden, wurde durch die Wahl der 20%-igen MEA-Referenz der Aminanteil in den alternativen Aminlösungen unter 50% begrenzt. Ergänzend wurde der Einfluss erhöhter MEA-Anteile zur Bewertung des Einflusses erhöhter Aminanteile untersucht.

Zur Bewertung des Einflusses der Molekülstruktur wurde das CO_2-Aufnahmevermögen der Aminlösungen bei verschiedenen Temperaturen ermittelt. Die Gleichgewichtsbeladung wurde gewählt, da sie nur von der Temperatur und dem CO_2-Partialdruck und nicht von der Versuchsapparatur oder dem Versuchsablauf abhängt und somit ein objektiver Wert für die von der Aminlösung gebundene Menge an CO_2 darstellt. Als Gasstrom wurde ein synthetisches Rauchgas bestehend aus CO_2, O_2 und N_2 verwendet. Da die Temperatur einen entscheidenden Einfluss auf die erreichbare Gleichgewichtsbeladung besitzt, wurde diese im Bereich von 20 bis 70°C variiert, da dies dem Temperaturbereich der CO_2-Absorption entspricht. Zur Untersuchung der Vorgänge bei der Regeneration wurde die Temperatur 90°C gewählt. Dies entspricht zwar nicht der realen Regenerationstemperatur, allerdings lassen sich auf Grund der erhöhten Temperatur Rückschlüsse auf die Bindungsstärke des CO_2 in der Waschlösung ziehen. Dabei weisen Amine mit einer stabilen CO_2-Amin-Bindung (Carbamate) eine höhere Gleichgewichtsbeladung bei einer Temperatur von 90°C auf und erfordern mehr Energieeintrag bei der Regeneration. Im Gegensatz dazu ist die Bindung von CO_2 als Hydrogencarbonat in der Waschlösung sehr instabil und das CO_2 wird bereits durch eine moderate Temperaturerhöhung aus der Lösung wieder ausgetrieben. Somit kann mit Hilfe der Gleichgewichtsbeladungen bei Temperaturen im Bereich der Absorption und bei 90°C die Stabilität der Bindung des CO_2 in der Lösung bewertet werden. Des Weiteren wird angenommen, dass eine instabilere Bindung des CO_2 in der Lösung mit einem geringeren Bedarf an Regenerationsenergie verbunden ist. Ausgehend von dieser Annahme wird im Rahmen der Versuche der Zusammenhang zwischen spezifischen Aminstrukturen oder funktionellen Gruppen und der Gleichgewichtsbeladung näher betrachtet und verdeutlicht.

3 Experimentelle Untersuchungen von Aminen und Interpretation der Ergebnisse

3.1 Grundlagen der Experimente

3.1.1 Experimenteller Aufbau und Versuchsparameter

Zur Untersuchung der verschiedenen Amine wurde ein System zur Bestimmung der Gleichgewichtsbeladung, d.h. zur Bestimmung der maximal absorbierten CO_2-Menge bei einer vorgegebenen Temperatur, aufgebaut. Wesentlicher Vorteil ist dabei, dass die Gleichgewichtsbeladung ein vom Versuchsaufbau bzw. ein von den Randbedingungen der Versuche unabhängiger Parameter ist. Somit haben z.B. der Gasvolumenstrom und die Blasengröße keinen Einfluss auf den ermittelten Wert und lassen somit einen Vergleich der Amine durch diesen Parameter zu. Bild 17 zeigt eine Skizze sowie ein Bild des Versuchsaufbaus.

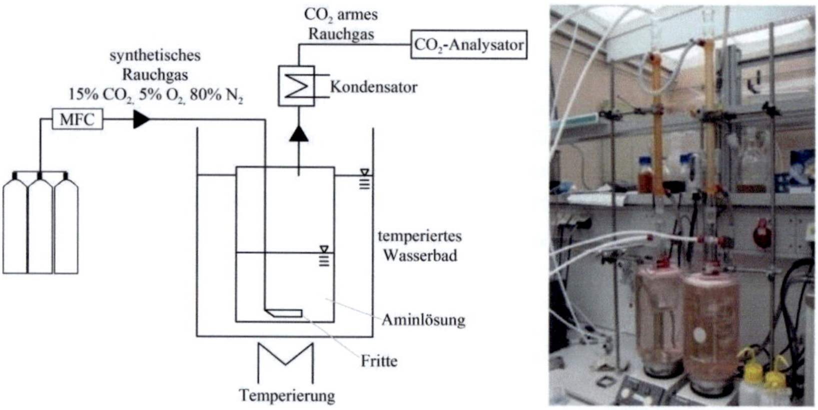

Bild 17: Versuchsaufbau zur Aminuntersuchung

Das synthetische Rauchgas, bestehend aus 15% CO_2, 5% O_2 und 80% N_2 wird über eine Fritte in 200g der wässrigen Aminlösung verteilt. Die Aminlösung wird mit Hilfe eines Wasserbads auf einer definierten Temperatur gehalten. Der aus der Aminlösung austretende Gasstrom wird mit einem IR-Gasanalysator auf seinen CO_2-Gehalt hin untersucht. Des Weiteren wird der O_2-Wert gemessen, um die Dichtigkeit des Systems sicherzustellen. Durch Bilanzierung des Systems kann die von der Waschlösung aufgenommene CO_2-Menge berechnet werden.

Zur Untersuchung der Vorgänge bei der Absorption wurden Versuche bei 20, 30, 40, 50 und 60°C durchgeführt. Dadurch kann ein für die CO_2-Absorption typischer Temperaturbereich abgedeckt werden. Darüber hinaus zeigt die von den Aminen bei den verschiedenen Temperaturen aufgenommene Menge an CO_2, welchen Einfluss die durch die Reaktionsenthalpie auftretende Temperaturerhöhung auf die Absorption des CO_2 besitzt. Mit Hilfe dieser Information kann die Stabilität der CO_2-Bindung in der Waschlösung bewertet werden. Des Weiteren kann der Einsatz von speziellen Maßnahmen wie Zwischenkühlung der Absorptionslösung beim technischen Großeinsatz bewertet werden.

Zur Bewertung der Vorgänge bei der Regeneration wurden ebenfalls Versuche zur CO_2-Absorption bei erhöhter Temperatur durchgeführt. Dazu wurde analog der Versuche zwischen 20 und 60°C die Gleichgewichtsbeladung bei 90°C bestimmt. Diese Temperatur entspricht zwar nicht der realen Regenerationstemperatur in einem Desorber, allerdings zeigt sich bereits bei 90°C, wie stark die Bindung des CO_2 in der Waschlösung ausgeprägt ist. Durch die Wahl von 90°C ergeben sich für den Versuchsaufbau verfahrenstechnische sowie praktische Vorteile. Für MEA wird üblicherweise eine Regenerationstemperatur von 110 bis 120°C bei erhöhtem Desorberdruck gewählt, wodurch eine effektive Regeneration erfolgt. Für einige der hier untersuchten Amine wäre diese Regenerationstemperatur höher als benötigt, da sich bereits bei 90°C eine äußerst geringe CO_2-Beladung ergibt. Durch die Betrachtung bei 90°C ist einerseits die Temperatur niedrig genug um eine CO_2-Restmenge in der Aminlösung zu detektieren und andererseits hoch genug, um die Stabilität der Bindungsstärke des CO_2 in der Lösung zu bewerten. Praktisch bietet die Untersuchung bei 90°C den Vorteil, dass auf druckstabilisierte Versuchsapparaturen verzichtet werden kann und dass die niedrige Temperatur nicht zu Veränderungen bzw. zur Degradation der Aminlösungen führt.

3.1.2 Untersuchte Amine und Bestimmung der absorbierten CO_2-Menge

Tabelle 2 zeigt eine Übersicht der untersuchten Amine. Die wässrigen Lösungen wurden aus den Amin-Reinstoffen durch Mischen mit demineralisiertem Wasser erzeugt. Die Konzentration wurde dabei als Masseanteil in der wässrigen Lösung so eingestellt, dass der molare Aminanteil zu dem einer 20 Gew.-% MEA-Lösung vergleichbar ist. Im Hinblick auf die Polyamine wurde die Anzahl an Aminogruppen in der Polyaminlösung der Anzahl einer 20 Gew.-% MEA-Lösung angepasst. Durch dieses Vorgehen wurde sichergestellt, dass alle Lösungen die gleiche Anzahl an

Aminogruppen enthalten und somit ein direkter Vergleich und eine direkte Interpretation der Versuchsergebnisse möglich sind.

Tabelle 2: Übersicht der untersuchten Amine

Name	**Kurzname**	**Formel**	**zu 20% MEA äquivalente Konzentration**
Monoethanolamin	MEA	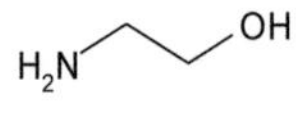	---
Diethanolamin	DEA	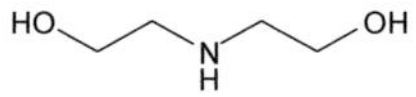	34,4%
3-Amino-1-Propanol	AP_Kette		24,6%
2-(2-Aminoethoxy)ethanol	AEE	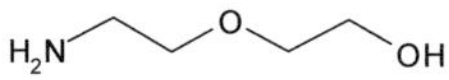	34,4%
2-Methylaminoethanol	MAE	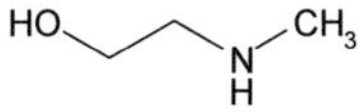	24,6%
2-(Ethylamino)-ethanol	EAE	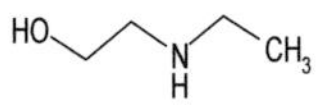	29,2%
2-Butylaminoethanol	BAE	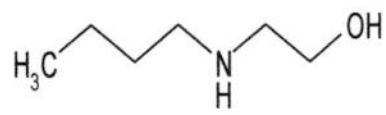	38,4%
2-(2-Aminoethylamino)-ethanol	AEAE	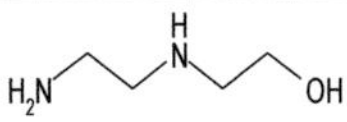	17,1%
Diethylentriamin	DETA	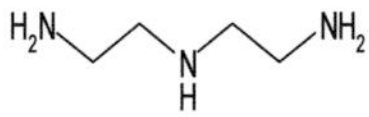	11,3%
Triethylentetramin	TETA	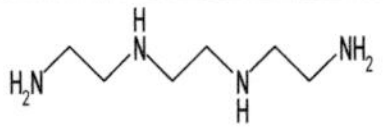	12,0%
Tetraethylenpentamin	TEPA	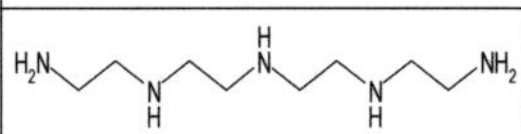	12,4%
2-Amino-1-Butanol	AB	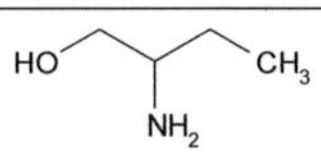	29,2%
2-Amino-2-methyl-1-propanol	AMP	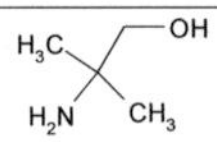	29,2%

Die verwendeten Amine waren alle unbegrenzt mit Wasser mischbar und wiesen in wässriger Lösung einen pH-Wert von über 11 auf. Es handelte sich nur um primäre und sekundäre Amine, da einerseits der Einfluss der Molekülstruktur untersucht werden sollte und andererseits nur diese Klassen im Gegensatz zu tertiären Aminen über eine ausreichend hohe Reaktionsrate verfügen, so dass auf die Zugabe von Aktivatoren verzichtet werden konnte. Des Weiteren besitzen alle Amine – außer den Polyaminen – eine Hydroxylgruppe, was zur guten Wasserlöslichkeit und somit zur Reduktion an Verdampfungsverlusten beiträgt. Die wesentlichen Variationen bestehen darin, dass die untersuchten und mit MEA verglichenen Amine zusätzlich unterschiedlich lange Alkylseitenketten besitzen und somit die Struktur des Moleküls geändert wird.

Neben der Methode der Berechnung der aufgenommenen CO_2-Menge durch Bilanzierung des Versuchssystems, besteht die Möglichkeit, das CO_2 durch Austreiben aus der Lösung zu bestimmen. Dazu wurde einer Probe von 20 bis 30g beladener Lösung so lange Säure zugegeben, bis ein pH-Wert von unter 1 erreicht wurde. Durch Bestimmung der Masseveränderung der Probe, des Säureverbrauchs und des Gewichtsverlusts auf Grund des Ausgasens von CO_2 aus der Probe kann sowohl die absorbierte CO_2-Menge pro Mol bzw. Liter Waschmittel berechnet werden.

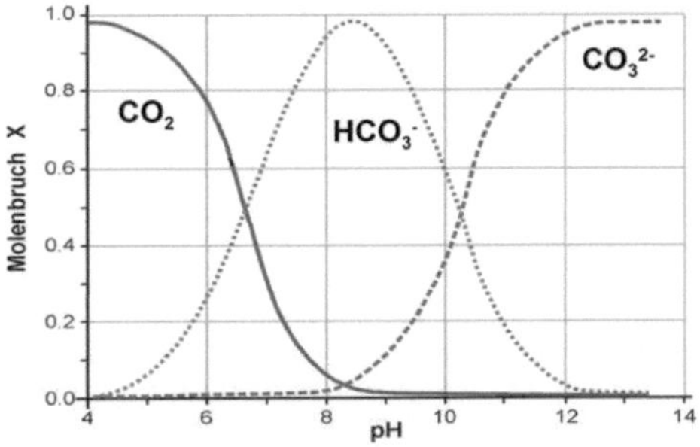

Bild 18: CO_2-HCO_3^- und CO_3^{2-}-Gleichgewicht in Abhängigkeit des pH-Werts [144]

Grundlage der CO_2-Bestimmung bildet dabei das in Bild 18 dargestellte, vom pH-Wert abhängige CO_2-Gleichgewicht. Dabei ist die bei der CO_2-Aufnahme vorliegende Bindungsform (Carbonat oder Hydrogencarbonat) nicht entscheidend. Des Weiteren wird durch die Säure die Carbamatbindung gespalten und das CO_2 freigesetzt, wobei es hier zur Reaktion der Base Amin mit der zugegebenen Säure kommt. Da die Säure im Überschuss zugegeben wird, kann von einer vollständigen Carbamatauflösung ausgegangen werden. Der ermittelte Wert wurde zur Bewertung und zum Vergleich mit dem durch die Gasanalyse bestimmten Beladungswert verglichen, so dass die

Bestimmung der Beladung der Amine auf zwei verschiedene Arten erfolgte und somit zuverlässige Werte erzielt wurden. Im Folgenden sind die Werte aus der Berechnung der Gasanalyse in den Diagrammen dargestellt, wobei stets eine Kontrolle der erreichten Gleichgewichtsbeladung durch die zuvor beschriebene Methode erfolgte.

3.2 Grundlegende Betrachtungen mit Monoethanolamin (MEA)

3.2.1 Absorption von CO_2 durch MEA

Das bekannteste Amin zur CO_2-Abtrennung ist Monoethanolamin (MEA). MEA besitzt als primäres Amin ein starkes Bindungsvermögen zu CO_2, was sich in der hohen Absorptionsenthalpie von 80 bis 85kJ/mol CO_2 zeigt [27]. Wie bereits unter 2.3.2 gezeigt, reagiert MEA direkt mit dem CO_2, so dass sich eine theoretische Beladung von 0,5mol CO_2/mol MEA ergibt.

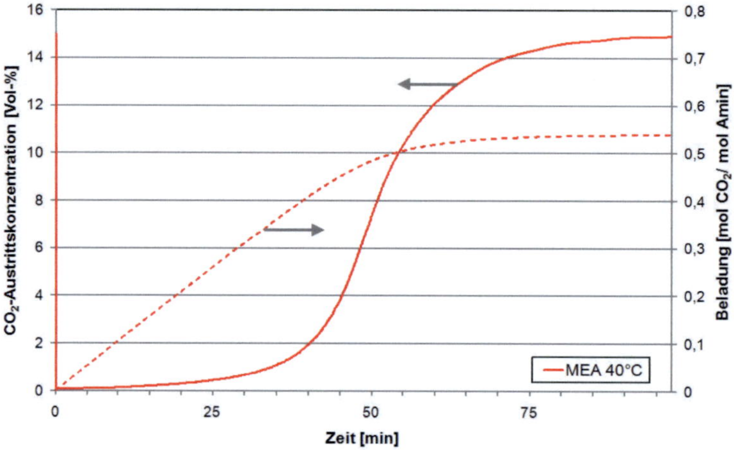

Bild 19: CO_2-Aufnahme von 20%-iger MEA Lösung bei 40°C

Bild 19 zeigt den Verlauf der Absorptions- und Beladungskurve einer MEA-Lösung mit einem Aminanteil von 20 Gew.-%. Die durchgezogene Linie stellt die im austretenden Gasstrom gemessene CO_2-Konzentration über der Versuchsdauer dar (linke Größenachse). Diese Darstellung wird für alle folgenden Diagramme verwendet. Aus den Messwerten lässt sich die Beladung α der Lösung in Form eines Stoffanteils (mol CO_2/mol Amin) errechnen. Der Verlauf der CO_2-Beladung ist durch die gestrichelte Linie im Diagramm dargestellt (rechte Größenachse). Diese Darstellung ist in allen folgenden Diagrammen gewählt.

Bei der Absorption von CO_2 durch MEA wird deutlich, dass zunächst die gesamte CO_2-Menge im Gasstrom durch die MEA-Lösung aufgenommen wird. Mit zunehmender Versuchsdauer wird das CO_2 nur noch teilweise von der MEA-Lösung aufgenommen, wodurch die CO_2-Konzentration im austretenden Gasstrom steigt. Bei MEA verläuft dieser Anstieg steil, so dass der CO_2-Anteil innerhalb kurzer Zeit auf die Eintrittskonzentration ansteigt. Die Beladung folgt diesem Verlauf und steigt zunächst linear an. Sobald nicht mehr die gesamte CO_2-Menge abgetrennt wird, flacht sich die Beladungskurve ab und nähert sich der Gleichgewichtsbeladung an. Der Wert der Gleichgewichtsbeladung bei den Versuchen mit einer 20%-igen MEA-Lösung liegt entgegen der theoretischen Kapazität von 0,5 wie unter 2.3.2 beschrieben bei 0,54mol CO_2/mol MEA. Dies bedeutet, dass neben der direkten Reaktion zwischen der Aminogruppe und dem CO_2-Molekül weitere Absorptionsreaktionen ablaufen müssen. Dabei handelt es sich um die Absorption von CO_2 als Hydrogen-Carbonat durch Wasser oder durch die Nebenreaktion von MEA. Bei den Nebenreaktionen handelt es sich entweder um die Rückreaktion des Carbamat-Ions zu MEA und Hydrogencarbonat oder die Absorption des CO_2 durch die Protonierung des MEA-Moleküls. Da der Wert für die Beladung um 0,04mol CO_2/mol MEA höher als der theoretische Wert liegt, wird deutlich, dass mindestens 0,08mol MEA über die Nebenreaktionen reagiert haben müssen, da je nach Endprodukt (Hydrogencarbonat bzw. Carbamat) eine Kombination für CO_2:MEA von 0,5:1 (Carbamat) oder 1:1 (Hydrogencarbonat) erfolgt. Allerdings dürfte der Hydrogencarbonat-Anteil höher ausfallen, da nicht alle MEA-Moleküle in der Lösung reagieren. Diese Vorgänge machen deutlich, dass eine höhere Beladung der Amine erreicht werden kann und diese Beladung vom theoretischen, berechneten Wert abweicht. Allerdings bleibt der Verlauf der CO_2-Austrittskonzentration von großer Bedeutung, da dieser zeigt, wie schnell die Reaktion zwischen CO_2 und dem Aminmolekül ist. Der Verlauf der Beladungskurve gibt Anhaltspunkte für den Verlauf der Absorptionskurven, wobei zu beachten gilt, dass die Absorptionsrate prinzipiell nur in einem Bereich betrachtet werden kann, wenn die CO_2-Austrittskonzentration größer Null ist. Für die dargestellten Kurven kann davon ausgegangen werden, dass zu Beginn der Versuche die Absorptionsrate auf einem konstant hohen Niveau liegt. Ab einer Beladung von 0,45mol CO_2/ mol MEA sinkt die Absorptionsrate und erreicht innerhalb kurzer Zeit einen Wert nahe Null. Dieser Bereich stimmt mit dem Erreichen der Gleichgewichtsbeladung überein. Allgemein kann aus den Versuchen mit 20 Gew.-% MEA-Lösung geschlossen werden, dass die Absorption von CO_2 auch beim primären Amin MEA als Hydrogencarbonat erfolgen kann. Die erreichte Gleichgewichtsbeladung liegt um ca. 10% höher als die theoretische Beladung. Entscheidend ist, dass die Bildung bzw. Bindung von CO_2 als Hydrogencarbonat, eine Senkung der benötigten Regenerationsenergie bedeutet und somit ein hoher Anteil an Hydrogencarbonaten angestrebt werden sollte. Darüber hinaus besitzt MEA eine über einen weiten Beladungsbereich hohe Absorptionsrate, wobei diese im höheren Beladungsbereich stark abnimmt. Dies bedeutet, dass die Steigerung der Beladung und die Ausnutzung der Bildung von Hydrogencarbonaten auf Grund der geringen Reaktionsrate in technischen Prozessen wie Wäscherkolonnen nicht oder nur mit hohem Aufwand nutzbar sind.

3.2.2 Temperatureinfluss auf die CO_2-Aufnahme bei MEA

Für die Absorption von CO_2 sind für jede Waschlösung typische Kennwerte wie Absorptionsrate und Gleichgewichtsbeladung von entscheidender Bedeutung. Allerdings hängen diese Werte hauptsächlich von der Versuchs- bzw. Absorptionstemperatur ab. In Bild 20 sind die Verläufe der CO_2-Austrittskonzentration und der daraus erreichten Gleichgewichtsbeladung bei verschiedenen Temperaturen dargestellt. Die Verläufe der CO_2-Austrittskonzentration zeigen, dass die Reaktion von MEA mit CO_2 im Temperaturbereich von 20 bis 60°C sehr ähnlich und mit einer ähnlichen Reaktionsrate ablaufen. Zwar wird die Reaktionsrate von der Temperatur beeinflusst, doch sind diese Unterschiede sehr gering. Dies zeigt der gleichförmige Verlauf der Kurven bei allen untersuchten Temperaturen. Deutlicher ist die Auswirkung der Temperatur auf die erreichbare Gleichgewichtsbeladung. Hier nimmt mit steigender Temperatur der Wert kontinuierlich ab. Dies ist für den Prozess von entscheidender Bedeutung, da bei der Absorption von CO_2 Reaktionswärme frei wird und sich dadurch die Temperatur der Aminlösung erhöht. Dies hat gleichzeitig zur Folge, dass die maximal erreichbare Beladung analog zu den Gleichgewichtsbeladungen abnimmt. Sinkt die maximal erreichte Beladung, wird spezifisch mehr Energie zur Abtrennung einer CO_2-Einheit benötigt. Für den Prozess wäre somit ein geringer Einfluss der Temperatur auf die Gleichgewichtsbeladung von großem Vorteil, da dadurch ebenfalls die erreichbare Beladung im realen Prozess verbessert würde. In Verbindung mit bekannten Daten für MEA und der Tatsache, dass zur Regeneration von MEA ein hoher Bedarf an Energie benötigt wird, kann aus den in Bild 20 dargestellten Ergebnissen auch geschlossen werden, dass ein geringer Temperatureinfluss bei der CO_2-Aufnahme einen hohen Bedarf an Energie bei der Regeneration zur Folge hat. Somit ergeben sich zwei gegenläufige Anforderungen an alternative Amine. Einerseits sollte für eine gute CO_2-Aufnahme der Temperatureinfluss gering sein, wobei andererseits für eine energetisch günstigere Regeneration der Einfluss der Temperatur ausgeprägt sein müsste und zu einem starken Abfall der Beladung führen sollte.

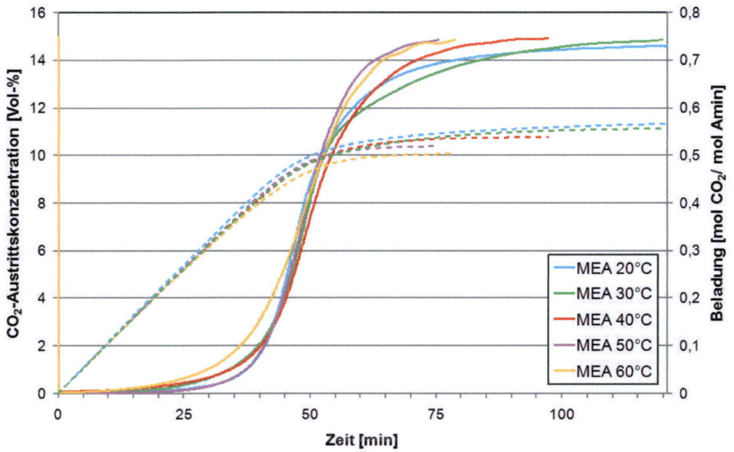

Bild 20: CO_2-Aufnahme durch 20%-ige MEA Lösung bei verschiedenen Temperaturen

Für MEA ist bekannt, dass bereits kleine Unterschiede in der aufgenommenen CO_2-Menge einen großen Einfluss auf die benötigte Regenerationsenergie haben [93]. Aus den in Bild 20 dargestellten Beladungskurven erkennt man, dass bis zu einem Wert von etwa 0,25 bzw. 0,3mol CO_2/mol MEA die Beladungskurven den gleichen Verlauf haben. Dafür verantwortlich ist die Tatsache, dass die bei den Versuchen durch die Aminlösung hindurchgeführte Gasmenge zu gering war, um den Grenzwert der Reaktionsrate zu erreichen. Im weiteren Verlauf ist allerdings zu erkennen, dass mit steigender Temperatur die Beladungskurven uneinheitlich verlaufen. Daraus ist ersichtlich, dass die Zunahme der Amintemperatur in einer Absorptionskolonne einen hohen Einfluss auf die maximal erreichbare Beladung besitzt. Dies kann zu den bereits erwähnten Unterschieden in der Aminbeladung führen, wodurch die benötigte Menge der Regenerationsenergie steigt.

Im Umkehrschluss heißt dies allerdings, dass eine gesteigerte Beladung zu einer geringeren Regenerationsenergie führen müsste. Für MEA würde dies bedeuten, dass die in Absorptionskolonnen übliche Beladung nach dem Absorber gesteigert werden müsste. Dafür könnte die Zwischenkühlung der Aminlösung oder eine Steigerung der Reaktionsoberfläche (verbesserte Einbauten bzw. größerer Absorber) verwendet werden, was allerdings einen größeren technischen Aufwand zur Folge hätte.

3.2.3 Theoretische Arbeitskapazität von MEA

Ein wichtiger Faktor zur Bewertung der Amine stellt die Menge an CO_2 dar, die in der Aminwaschlösung zwischen dem Absorber und dem Desorber transportiert werden kann. Diese CO_2-Menge wird als Arbeitskapazität des Amins bezeichnet. Eine hohe Arbeitskapazität hat geringe Bauvolumen für Absorber und Desorber, kleine Rohrleitungen, einen geringeren Waschlösungsstrom und einen geringen Bedarf an Regenerationsenergie (z.B. Reduktion des Energiebedarfs zur Aminaufwärmung auf Grund des verminderten Waschmittelstroms) zur Folge. Im Rahmen der durchgeführten Experimente wurden die Amine bei verschiedenen Absorptionstemperaturen (20 bis 60°C) und bei 90°C untersucht. Der Versuch bei 90°C sollte dabei Rückschlüsse auf das Verhalten der Amine bei der Regeneration ermöglichen. Um die Amine bezüglich ihrer Arbeitskapazität vergleichen zu können, wurde eine für die untersuchten Amine gültige „fiktive Arbeitskapazität“ berechnet. Dazu wurden die Werte der Gleichgewichtsbeladung bei 40 und 90°C verwendet. Die fiktive Arbeitskapazität stellt dabei nicht die reale, für eine Absorptionskolonne gültige Arbeitskapazität dar, sondern vielmehr nur einen für die durchgeführten Versuche gültigen Wert. Die Berechnung der fiktiven Arbeitskapazität A_{mol} erfolgte anhand folgender Formel

$$A_{\text{mol}}\,[\text{mol CO}_2/\text{ mol Amin}] = \alpha_{40°\text{C}} - \alpha_{90°\text{C}} \qquad \text{(Gl. 10)}$$

Die Berechnung von A_{mol} als molarer Anteil ist auf Grund der Tatsache möglich, da alle Aminlösungen vergleichbar, d.h. mit derselben Anzahl an Aminogruppen wie MEA hergestellt waren. Sobald verschiedene Amin-Konzentrationen verglichen werden, muss die Berechnung von A_{mol} als Bezugswert die Waschmittelmenge aufweisen (z.B. mol CO_2/ l Lösung).

Als Basis für die Untersuchung der alternativen Amine wurde die fiktive Arbeitskapazität von 20%-iger MEA-Lösung berechnet. Die Ergebnisse der Absorptionsversuche bei 40 und 90°C zeigt Bild 21. Neben der bereits zuvor diskutierten Tatsache, dass MEA bei 40°C eine Gleichgewichtsbeladung von über 0,5mol CO_2/ mol MEA erreicht ist zu erkennen, dass die Gleichgewichtsbeladung bei 90°C zwar geringer ausfällt, aber dennoch auf einem hohen Niveau liegt. Dies war auf Grund des hohen Energiebedarfs zur Regeneration von MEA zu erwarten.

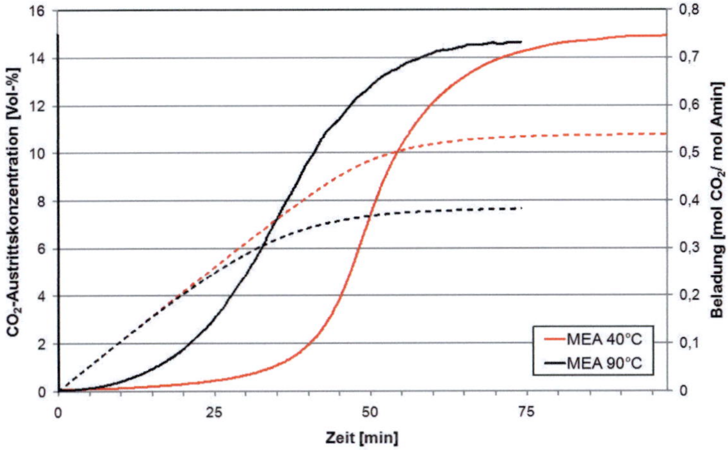

Bild 21: CO_2-Aufnahmevermögen 20%-iger MEA Lösung

Aus den Werten der beiden Gleichgewichtsbeladungen ergibt sich eine fiktive Arbeitskapazität für 20%-ige MEA-Lösung von 0,16mol CO_2/mol MEA. Dieser Wert ist deutlich geringer als die bei Absorptionskolonnen übliche Arbeitskapazität von ca. 0,25mol CO_2/mol MEA, wobei die Regeneration dort bei 120°C erfolgt. Trotzdem erlaubt die für die 20%-ige MEA-Lösung bestimmte fiktive Arbeitskapazität Aussagen über die Umlaufmenge an Waschlösung und über die Stabilität der Bindung des CO_2 in der Lösung. Darüber hinaus ist es durch den Vergleich der fiktiven Arbeitskapazitäten der untersuchten Amine möglich, Aussagen über den Bedarf an Regenerationsenergie im Vergleich zu 20%-iger MEA-Lösung zu treffen. Dadurch wird eine Bewertung bzw. Klassifizierung der alternativen Amine möglich.

3.2.4 Einfluss der MEA-Konzentration auf die Beladung

Durch die Mischung von Aminen mit Wasser entstehen zwar vollständig mischbare Lösungen, wobei diese Lösungen je nach Aminanteil unterschiedliche Eigenschaften aufweisen. Eine wesentliche Größe dabei ist die Zähigkeit der Lösung, die mit zunehmend gebundenem Aminanteil ansteigt. Darüber hinaus nimmt die Viskosität ebenfalls mit zunehmendem CO_2-Anteil in der Lösung zu. Dies führt dazu, dass MEA-Lösungen mit einem Aminanteil von mehr als 60% eine eher zähflüssige Masse darstellen und dem Lösungsmittel Wasser nicht mehr stark ähneln. Dies führt zu Nachteilen beim Pumpen der Lösung sowie zu stark veränderten und reduzierten Transportvorgängen des CO_2 an der Grenzfläche Gasphase-Aminphase. Neben der direkten Beeinflussung der Lösungseigenschaften hat die Aminkonzentration auch einen Einfluss auf die CO_2-Aufnahme und Gleichgewichtsbeladung, wie in Bild 22 zu erkennen ist.

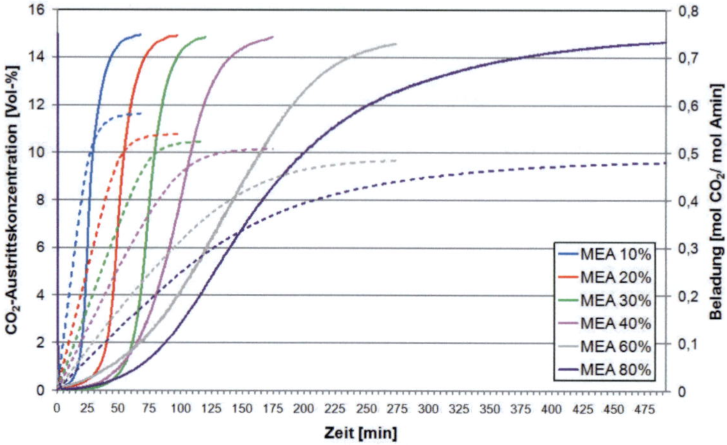

Bild 22: Einfluss der MEA-Konzentration auf die CO_2-Aufnahme bei 40°C

Deutlich ist zu erkennen, dass sich mit zunehmendem Aminanteil in der Lösung die Austrittskurven leicht abflachen. Gleichzeitig verschiebt sich, wie aus Bild 22 zu erkennen, der Übergang vom linearen Bereich der Beladungskurven bis zur Annäherung an die Gleichgewichtsbeladung abhängig von der Aminkonzentration von z.B. 0,48mol CO_2/mol bei einer 10%-igen MEA-Lösung hin zu 0,25mol CO_2/mol bei einer 80%-igen MEA-Lösung. Gleichzeitig nimmt die erreichbare Gleichgewichtsbeladung mit zunehmendem Aminanteil ab. Erreicht eine 10%-ige MEA-Lösung bei den Versuchen eine Gleichgewichtsbeladung von 0,58mol CO_2/mol, fällt der Wert bei einer 40%-igen MEA-Lösung bereits auf 0,51mol CO_2/mol ab und beträgt bei einer 80%-igen MEA-Lösung nur noch 0,48mol CO_2/mol. Diese Abnahme der Gleichgewichtsbeladung wird vermutlich durch die geringere Hydrolyse der Carbamat-Ionen hervorgerufen. So führt der hohe Wasseranteil bei einer 10%-igen MEA-Lösung nach folgender Gleichung zu einem hohen Umsatz der Carbamat-Ionen in Hydrogencarbonate:

$$HO\text{-}CH_2\text{-}CH_2\text{-}NHCOO^- + H_2O \rightleftharpoons HO\text{-}CH_2\text{-}CH_2\text{-}NH_2 + HCO_3^- \qquad \text{(Gl. 11)}$$

Dabei führt ein hoher Wasseranteil zu einer Verschiebung des Gleichgewichts auf die rechte Seite, so dass mehr Carbamat-Ionen umgesetzt werden. Die Bindung des

CO_2 führt einerseits zu einer höheren Kapazität der Lösung, da für die Bindung des CO_2 als Hydrogencarbonat nur ein Aminmolekül (Base für H^+) notwendig ist und andererseits werden bei der Hydrolyse von Carbamat-Ionen erneut Aminmoleküle frei, die wiederum CO_2 binden können. Bei abnehmendem Wasseranteil werden weniger Carbamat-Ionen hydrolysiert und die erreichbare Gleichgewichtsbeladung sinkt. Bei einer 80%-igen MEA-Lösung wird eine Gleichgewichtsbeladung von 0,48mol CO_2/mol MEA erreicht. Einerseits steht dabei weniger Wasser zur Hydrolyse der Carbamat-Ionen zur Verfügung, andererseits stellt der Carbamat-Anteil in der Lösung zwar eine treibende Kraft für Gleichung (2) dar, allerdings fällt der Carbamat-Anteil deutlich geringer aus als der Wasseranteil. So entfallen bei einer 10%-igen Lösung auf 1mol MEA ca. 30mol Wasser und bei einer 80%-igen MEA-Lösung nur noch ca. 1mol Wasser auf 1mol MEA. Dies führt offensichtlich zu keiner Hydrolyse der Carbamat-Ionen bei hohen Amin-Anteilen wie 60 bzw. 80%, da die Werte der Gleichgewichtsbeladung in diesen beiden Fällen unter 0,5mol CO_2/mol MEA liegen. Darüber hinaus führt ein hoher Aminanteil zu keiner vollständigen Beladung der MEA-Moleküle (theoretischer Wert 0,5mol CO_2/mol MEA), sondern vielmehr zu einer maximalen Bildung von Carbamat-Ionen, wobei die restlichen MEA-Moleküle entweder mit Wasser reagieren (Protonierung) oder die vorhandenen Carbamat-Ionen stabilisieren.

Neben der Absorption bei 40°C ist der Einfluss der Aminkonzentration auf die Arbeitskapazität von Bedeutung. Bild 23 zeigt die Ergebnisse für die Versuche bei 90°C, die zur Berechnung der fiktiven Arbeitskapazität verwendet werden. Hier zeigt sich entgegen den vorangegangenen Versuchen, dass die Aminkonzentration keinen Einfluss auf die erreichbare Gleichgewichtsbeladung der MEA-Lösungen mit verschiedenen MEA-Konzentrationen hat. Zwar flachen sich die Austrittskurven bzw. die Beladungskurven mit zunehmendem Aminanteil ab, allerdings wird in allen Fällen eine Gleichgewichtsbeladung mit einem Wert um 0,38mol CO_2/mol MEA erreicht. Dies bedeutet, dass die Bindung des CO_2 bei allen Aminkonzentrationen auf die gleiche Art stattfinden muss, da die Gleichgewichtsbeladung offenbar unabhängig von der Aminkonzentration ist. Da der Hydrogencarbonat-Anteil mit steigender Temperatur deutlich sinkt und die Bindung des CO_2 als Carbamat-Ion stabiler ist, kann davon ausgegangen werden, dass nahezu das gesamte CO_2 in Form von Carbamat-Ionen gebunden ist, wodurch sich die beobachtete, einheitliche Gleichgewichtsbeladung ergibt.

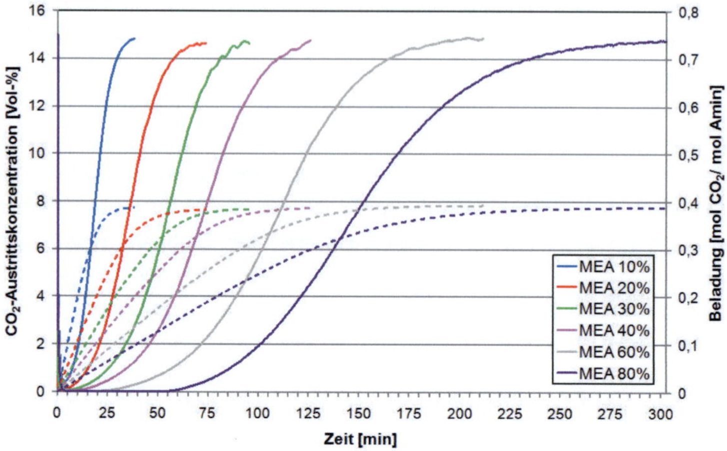

Bild 23: Einfluss der MEA-Konzentration auf die CO_2-Aufnahme bei 90°C

Trotz der Abnahme der maximalen Gleichgewichtsbeladung mit steigendem Aminanteil bei 40°C bleibt zu berücksichtigen, dass die Steigerung des Amin-Anteils zu einer deutlichen Absenkung des Waschlösungsbedarfs führt. Dabei ist nicht die fiktive Arbeitskapazität der entscheidende Faktor, sondern die CO_2-Menge, die pro Volumeneinheit Waschlösung gebunden werden kann. Tabelle 3 zeigt die Ergebnisse der zuvor diskutierten Versuche, die berechnete fiktive Arbeitskapazität und die daraus anhand folgender Formel berechnete fiktive Aufnahmekapazität A_L:

$$A_L\ [\text{g } CO_2/\text{ kg Waschlösung}] = (\alpha_{40°C} - \alpha_{90°C}) * \frac{M_{CO2}}{M_{Amin}} * c_{Amin} * 1000 \qquad \text{(Gl. 12)}$$

Tabelle 3: Ergebnisse der Versuche bei verschiedenen MEA-Konzentrationen

		MEA 10%	MEA 20%	MEA 30%	MEA 40%	MEA 60%	MEA 80%
Beladung bei 40°C	mol CO_2/ mol Amin	0,58	0,54	0,52	0,51	0,49	0,48
Beladung bei 90°C	mol CO_2/ mol Amin	0,39	0,38	0,38	0,39	0,39	0,39
Arbeitskapazität	mol CO_2/ mol Amin	0,19	0,16	0,14	0,12	0,10	0,09
Aufnahmekapazität	g CO_2/ kg Waschlösung	14,0	22,5	30,1	35,4	41,4	52,7

Aus den Werten wird deutlich, dass zwar die fiktive Arbeitskapazität mit steigender Aminkonzentration abnimmt, allerdings die fiktive Aufnahmekapazität zunimmt. Dies bedeutet, dass weniger Waschlösung für die Abtrennung des CO_2 benötigt wird, was einerseits zu kleineren Anlagendimensionen führt und andererseits den spezifischen

Bedarf an Regenerationsenergie senkt. Dies wird vorwiegend durch die geringere Waschmittelmenge hervorgerufen, da beispielsweise die benötigte Menge an Waschlösung bei einer Erhöhung von 20% auf 40% MEA-Anteil um ca. 40% gesenkt werden kann. Dies bedeutet eine Energieersparnis bezogen auf die Verteilung der Energieströme bei der Regeneration wie unter 2.3.2 dargestellt von etwa 10%.

Somit stellt die Erhöhung der Aminkonzentration einen effektiven Weg zur Reduktion des Energiebedarfs für die Regeneration dar, wobei zu berücksichtigen gilt, dass bei hohen Aminkonzentrationen die Zähigkeit der Lösung zunimmt und somit die Pump- und Fließfähigkeit der Lösung stark eingeschränkt wird. Des Weiteren führt dies zu Problemen bei der Verteilung der Lösung in der Absorptionskolonne und zu einer starken Beeinflussung des Stoffübergangs. Des Weiteren wurde in verschiedenen Studien das erhöhte Korrosionspotential von hochkonzentrierten MEA-Lösungen beschrieben, was die Verwendung von hochlegierten Stählen oder zusätzlichen Additiven erforderlich machen würde.

3.3 Einfluss der Molekülstruktur auf die CO_2-Absorption

3.3.1 Einfluss der Aminklasse

Die Unterteilung der Amine in primäre, sekundäre und tertiäre Amine basiert auf der Nomenklatur chemischer Moleküle. Im Allgemeinen wurde wie unter 2.3.2 beschrieben angenommen, dass primäre und sekundäre Amine nach den gleichen Reaktionen das CO_2 binden und somit eine maximale Beladung von 0,5mol CO_2/mol Amin aufweisen und tertiäre Amine dagegen das CO_2 nur als Hydrogencarbonat binden und somit eine maximale Beladung von 1mol CO_2/mol Amin erreichen. Typische Vertreter für die verschiedenen Aminklassen wären MEA (primär), DEA (sekundär) und MDEA (tertiär), wobei MDEA als reines Amin mit seiner sehr geringen Reaktionsrate nicht für die CO_2-Wäsche aus Rauchgasen eingesetzt werden kann. Bild 24 zeigt den Unterschied im Molekülaufbau von MEA und DEA. Bei DEA ist eine weitere Alkoholgruppe im Vergleich zu MEA an die Aminogruppe gebunden. Dadurch erhöht sich die Löslichkeit bzw. sinkt der Dampfdruck von DEA gegenüber dem von MEA, was zu kleineren Verlusten an Amin während der CO_2-Wäsche führt. Auf Grund der Molekülstruktur und dem damit höheren Molekulargewicht ist die 1,7-fache Menge an Amin in der Lösung notwendig, um die gleiche Anzahl von Aminogruppen zu erreichen. Des Weiteren ist bekannt, dass die zusätzliche Alkyl-Alkoholkette zu einer Absenkung der Reaktionsrate führt, da sie die Reaktivität der Aminogruppe reduziert.

Allerdings können bei beiden Aminen die unter 2.3.2 beschriebenen Reaktionen ablaufen.

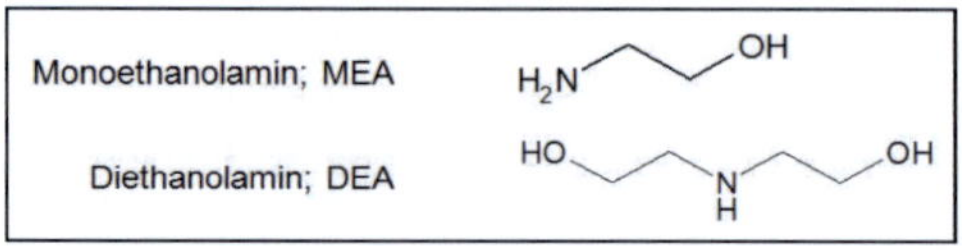

Bild 24: Strukturformel von MEA und DEA

Bild 25 zeigt die Ergebnisse der Versuche mit MEA und DEA bei verschiedenen Temperaturen. Die Versuche bei 20, 40 und 60°C zeigen deutlich, dass die Reaktionsrate von DEA geringer ist als die von MEA, da die CO_2-Konzentration im austretenden Gasstrom bei allen Versuchen größer als bei den Versuchen mit MEA ist.

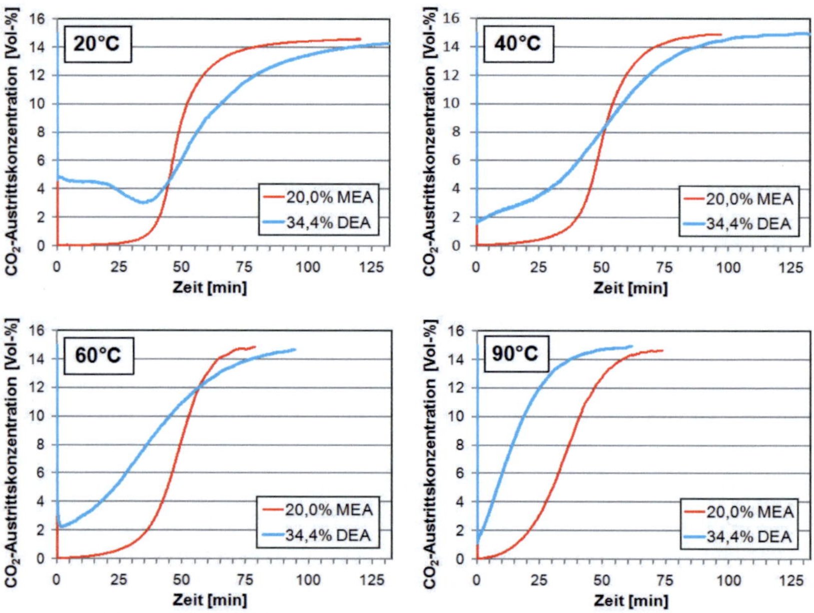

Bild 25: Vergleich von MEA und DEA bei der CO_2-Aufnahme

Dies bedeutet, dass beim Durchtritt des synthetischen Rauchgases durch die Lösung DEA weniger CO_2 aufnimmt als MEA. Auffällig ist der bei 20°C noch ausgeprägte, bei 40°C noch leicht vorhandene und bei 60°C fehlende Knick der CO_2-Konzentrationskurve bei DEA. Dies wird durch die Autoerwärmung der Aminlösung durch die bei der Absorption von CO_2 frei werdende Reaktionswärme verursacht. Dies führt vor allem bei 20°C dazu, dass die Reaktionsrate, die wie bei jeder chemischen Reaktion abhängig von der Temperatur ist, steigt und somit mehr CO_2 aus der Gasphase aufgenommen wird. Dieser Effekt ist allerdings nur kurzzeitig wirksam und wird durch die steigende CO_2-Beladung und die damit verbundene negative Auswirkung auf die Reaktionsrate überlagert. Die Versuche bei 40, 60 und auch 90°C zeigen auch, dass bereits ab 40°C die maximale Reaktionsrate erreicht ist, da die CO_2-Konzentration bereits ab 40°C nicht mehr unter einen Wert von ca. 2Vol-% CO_2 sinkt. Bei 20°C lag sie noch bei 4,5Vol-% zu Beginn des Versuchs und sinkt durch die Erwärmung bis auf ca. 3Vol-% ab. Bei den Versuchen bei höheren Temperaturen trat dieser Effekt nicht mehr auf. Die Ergebnisse bei 90°C deuten darauf hin, dass DEA nur noch sehr wenig CO_2 im Vergleich zu MEA aufnimmt, da die Kurve einen steilen Anstieg aufweist und sich direkt nach Versuchsbeginn ausgehend von ca. 2Vol-% schnell der Eintrittskonzentration von 15Vol-% annähert. Durch die Berechnung der Beladung bzw. der fiktiven Arbeitskapazität, wie in Bild 26 dargestellt, können die aufgenommenen Mengen an CO_2 bestimmt werden bzw. ein Vergleich von DEA und MEA erfolgen.

In Bild 26 sind dabei nur die Beladungskurven der Versuche bei 40 und 90°C dargestellt. Wie bereits unter 3.2.3 beschrieben, erreicht MEA eine geringfügig höhere Beladung als 0,5mol CO_2/mol MEA und eine eher geringe Arbeitskapazität. DEA dagegen erreicht bei 40°C eine Gleichgewichtsbeladung von 0,48mol CO_2/mol DEA, was somit gegen die Annahme identischer Reaktionsabläufe bei MEA und DEA spricht. Die zusätzliche Alkoholgruppe senkt die Reaktionsrate, da einerseits weniger reaktive Wasserstoffatome an der Aminogruppe vorhanden sind und andererseits die Bindungsoptionen durch die große Seitengruppe reduziert werden.

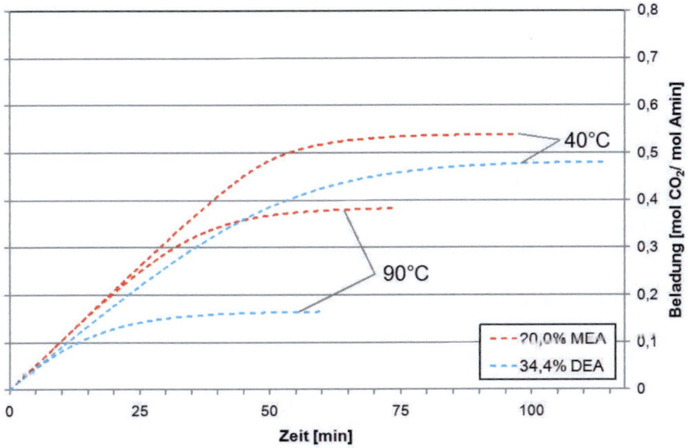

Bild 26: Einfluss der Aminklasse auf die CO_2-Beladung

Deutlicher wird dieser Sachverhalt bei der Beladung bei 90°C. Hier erreicht DEA eine, wie bereits bei Bild 25 vermutet, wesentlich geringere Gleichgewichtsbeladung als MEA. Der Wert ist mit 0,16mol CO_2/mol DEA deutlich geringer, wodurch sich eine Arbeitskapazität von 0,32mol CO_2/mol DEA ergibt. Tabelle 4 zeigt die zusammengefassten Werte. Der Wert für die Arbeitskapazität von DEA ist doppelt so groß wie der Wert von MEA und würde einer Halbierung der benötigten Waschmittelmenge entsprechen. Die Ursache für die stark gesteigerte Arbeitskapazität ist die stark verminderte Gleichgewichtsbeladung bei 90°C. Somit zeigen die Ergebnisse der Versuche, dass DEA und MEA nicht nach den gleichen Reaktionsmechanismen mit CO_2 interagieren. Die Ergebnisse von DEA deuten vielmehr darauf hin, dass DEA das CO_2 vorwiegend als Hydrogencarbonat bindet. Zwar steigert dies nicht die Beladung bei der Absorption, allerdings führt dies zu einer schwachen Bindung des CO_2 in der Lösung, so dass bei hohen Temperaturen nur noch wenig CO_2 gebunden werden kann und geringe Gleichgewichtsbeladungen erreicht werden. Ursache dafür ist der geringere pH-Wert der Ausgangslösung. Die DEA-Lösung besitzt vor Versuchsbeginn einen pH-Wert von 11,8 und die MEA-Lösung von 12,5. Bei der Absorption von CO_2 sinkt der pH-Wert auf Werte um 8 ab, wobei bei einem niedrigen pH-Wert weniger bzw. kein CO_2 mehr gebunden werden kann. Im sauren Bereich erfolgt keine Absorption von CO_2. Durch den geringeren Ausgangs-pH-Wert erreicht DEA schneller den pH-Bereich, bei dem keine weitere CO_2-Absorption erfolgt, wodurch bei 40°C eine geringere Gleichgewichtsbeladung als bei MEA erreicht wird. Darüber hinaus wirkt die Alkyl-Alkoholseitenkette der Bildung von Carbamat-Ionen entgegen, so dass das CO_2 vorwiegend in Form von Hydrogencarbonat gebunden wird. Die Stabilisierung der Hydrogencarbonat-Ionen in der Lösung hängt wesentlich vom pH-Wert ab. Dies kann ausgehend von den Versuchen bei 90°C angenommen werden, da hier deutliche Unterscheide bei den erreichten Gleichgewichtsbeladungen von MEA und DEA auftreten. Betrachtet man die in mehreren Studien ermittelte Reaktionsenthalpie der beiden Amine, wird ebenfalls deutlich, dass die Amine nach unterschiedlichen Reaktionspfaden das CO_2 binden müssen. Erweitert man die Betrachtung um MDEA ergibt sich eine eindeutige Beziehung zwischen der Aminklasse und der Reaktion, das CO_2 als Hydrogencarbonat zu binden, was zu einer geringeren Reaktionsenthalpie und somit zu einer geringeren Regenerationsenergie führt. So beträgt die Reaktionsenthalpie bei MEA 85kJ/mol, bei DEA 76kJ/mol und bei MDEA 61kJ/mol [143]. Dies bedeutet, dass die Alkyl-Alkoholgruppe die Aminogruppe daran hindert, stabile Carbamat-Ionen auszubilden. Die Ursache dafür liegt in der räumlichen Blockade der Aminogruppe durch die Seitenkette. Diese verhindert die Anlagerung des CO_2 an der Aminogruppe und fördert eine Reaktion von DEA mit Wasser, was die Bindung des CO_2 als Hydrogencarbonat verbessert. Dies bedeutet, dass Seitenketten bzw. die räumliche Abschirmung der Aminogruppe zu einer instabileren Bindung des CO_2 in der Waschlösung führen, allerdings die erreichbare Gleichgewichtsbeladung von weiteren Faktoren abhängt (z.B. pH-Wert).

Tabelle 4: Ergebnisse der Versuche bei verschiedenen Aminklassen

		MEA	DEA
Beladung bei 40°C	mol CO_2/ mol Amin	0,54	0,48
Beladung bei 90°C	mol CO_2/ mol Amin	0,38	0,16
Arbeitskapazität	mol CO_2/ mol Amin	0,16	0,32

3.3.2 Einfluss der Moleküllänge

MEA als eines der am einfachsten aufgebauten Amine weist eine kurze Molekülkettenstruktur mit funktionellen Gruppen am Kettenende auf. Dadurch ist sein Molekulargewicht gering, seine Wasserlöslichkeit hoch und seine technische Herstellung einfach. Unklar ist allerdings die Wirkung der kurzen Molekülkette auf die Bindung des CO_2. Um den Einfluss der Moleküllänge näher zu betrachten, wurden Versuche mit 20%-iger MEA-Lösung, mit 24,6%-iger AP-Lösung und zum Vergleich mit 34,4%-iger AEE-Lösung durchgeführt. Beim AP Amin handelt es sich bei den durchgeführten Versuchen um die reine Lösung von AP-Molekülen in linearer Kettenstruktur, da dieses Amin auch als Isomerengemisch existiert. Die strukturellen Unterschiede der Moleküle sind in Bild 27 dargestellt.

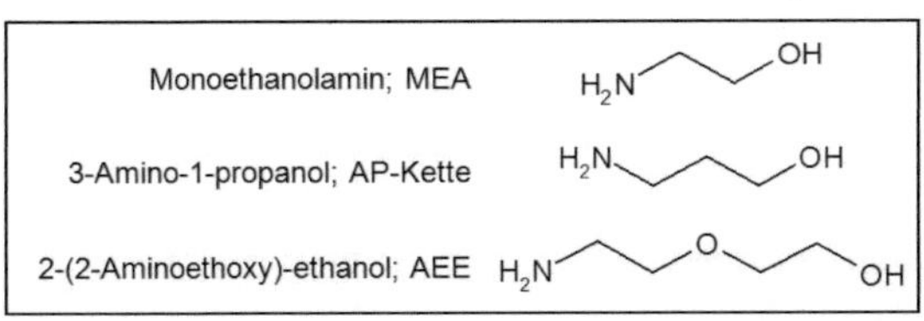

Bild 27: Strukturformel von MEA, AP-Kette und AEE

Der Verlauf der CO_2-Austrittskonzentration der drei Amine ähnelt einander sehr und verläuft analog zum Verlauf der zuvor diskutierten Versuche mit MEA. Daher wurden in Bild 28 nur die Beladungskurven der Temperaturen bei 40 und 90°C dargestellt. Es zeigt sich, dass bei 40°C das Molekül AP-Kette geringfügig mehr CO_2 binden kann als MEA. Bei 90°C verbleibt dagegen mehr CO_2 in der AP-Kette-Lösung. Dadurch ergibt sich eine fiktive Arbeitskapazität von 0,13mol CO_2/mol Amin, die geringer ausfällt als bei MEA. Dies deutet darauf hin, dass die längere Aminkette zwar einen positiven Einfluss auf die CO_2-Absorption besitzt, allerdings bindet das CO_2 stabiler in der Lösung bzw. ist die Regeneration des Amins erschwert. Dies sind zwei widersprüchliche Vorgänge, da eine erhöhte Beladung bei der Absorption eine vermehrte Bindung des CO_2 als Hydrogencarbonat voraussetzt, was sich positiv auf die CO_2-Beladung bei 90°C auswirken sollte.

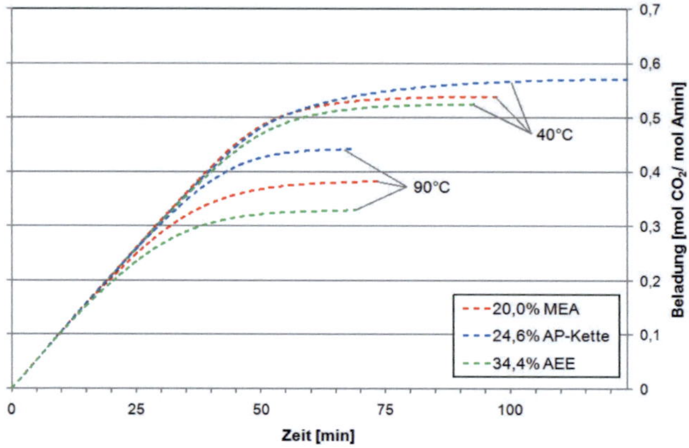

Bild 28: Beladungskurven von MEA, AP-Kette und AEE bei 40 und 90°C

Die Absorption des CO_2 bei AP-Kette erreicht mit einer Gleichgewichtsbeladung bei 40°C von 0,57mol CO_2/mol Amin einen Wert, der – bei einer vollständigen Reaktion aller Aminmoleküle vorausgesetzt – zu einer Verteilung von 0,14mol CO_2/mol Amin als Hydrogencarbonat und 0,43mol CO_2/mol Amin als Carbamat-Ion führt. Bei der Regeneration erreicht das Molekül AP-Kette bei 90°C eine Gleichgewichtsbeladung von 0,44mol CO_2/mol Amin, einen Wert, der dem zuvor berechneten Carbamat-Anteil entspricht. Dies würde bedeuten, dass die längere Molekülkette beim Molekül AP-Kette zu einer Stabilisierung der Carbamat-Ionen führt. Dies ist möglich, da durch die längere Molekülkette die Verschiebung der Ladung bzw. die Stabilisierung der Carbamat-Bindung verbessert wird. Bild 29 zeigt eine Möglichkeit der Molekülstabilisierung. Da beim Molekül AP-Kette wesentlich mehr stabile Verbindungen ausgebildet werden und die Form der Carbamat-Ionen in beiden Fällen gleich ist, wird vermutet, dass das zum Carbamat-Ion entsprechende Gegen-Ion, das als Base fungierende protonierte Amin, die entscheidende Rolle spielt. Bei MEA werden die Elektronen in der Molekülkette durch den elektronegativ starken Sauerstoff angezogen. Gleichzeitig zieht der positiv geladene und ebenfalls elektronegativ starke Stickstoff die Elektronen in der Molekülkette zu sich. Dadurch werden die Elektronen in die entgegengesetzten Richtungen gezogen (rote Dreiecke), wobei kein Ausgleich über die Molekülkette erfolgen kann, da diese sehr kurz ist.

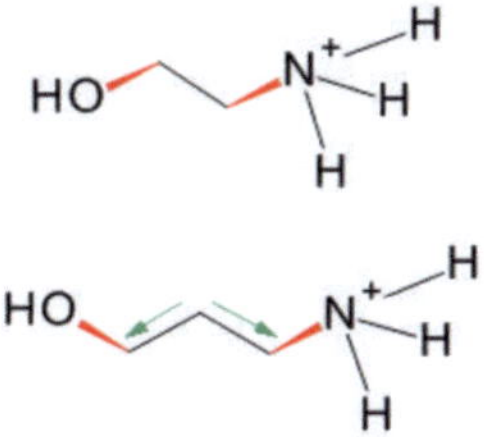

Bild 29: Ladungsverschiebung bei der CO_2-Absorption durch MEA und AP-Kette

Beim Molekül AP-Kette existieren die gleichen Tendenzen zur Elektronenverschiebung wie bei MEA. Hier kann allerdings die längere Molekülkette Elektronen in die entsprechenden Richtungen verschieben (grüne Pfeile), da durch das zusätzliche Kohlenstoffatom weitere Ladungsträger im Molekül vorhanden sind und somit die Ladungsdefizite ausgeglichen werden können. Dies bedeutet, dass beim Molekül AP-Kette zwei Effekte wirken: bei der Absorption wird vermehrt CO_2 als Hydrogencarbonat gebunden, da mehr stabilere, protonierte Aminmoleküle in der Lösung vorhanden sind als bei MEA. Bei der Regeneration führt die Stabilisierung des protonierten AP-Moleküls dazu, dass die gebildeten Carbamat-Ionen nicht gespaltet werden. Somit wirkt die längere Molekülkette zwar positiv auf die Absorption von CO_2, benötigt allerdings zur Regeneration mehr Energie auf Grund des stabilisierten Ions, wodurch die fiktive Arbeitskapazität im Vergleich zu MEA sinkt.

Um diese Theorie zu überprüfen, wurden Versuche mit dem Amin AEE durchgeführt, dessen Molekülkette wesentlich länger als die von MEA und AP-Kette ist, allerdings besitzt AEE an der selben Stelle wie MEA ein Sauerstoffatom in der Kette. Betrachtet man die bei 40 und 90°C erreichten Gleichgewichtsbeladungen in Bild 28, erreicht AEE bei 40°C nahezu die gleiche Beladung wie MEA. Bei 90°C allerdings fällt die Gleichgewichtsbeladung bei 90°C geringer als bei MEA aus. Wie in Bild 30 zu erkennen, gleicht die Ladungsverteilung zwischen der Aminogruppe und dem Sauerstoffatom der von MEA, wodurch sich eine ähnliche Gleichgewichtsbeladung ergeben müsste. Bei 40°C ist dies der Fall und die Gleichgewichtsbeladungen von MEA und AEE entsprechen einander.

Bild 30: Ladungsverschiebung bei AEE

Bei 90°C allerdings ist die Gleichgewichtsbeladung deutlich unterschiedlich. Somit muss sich die Verteilung der Carbamat- und Hydrogencarbonat-Anteile bei MEA und AEE unterscheiden bzw. die Regeneration der Carbamat-Ionen einfacher erfolgen können.

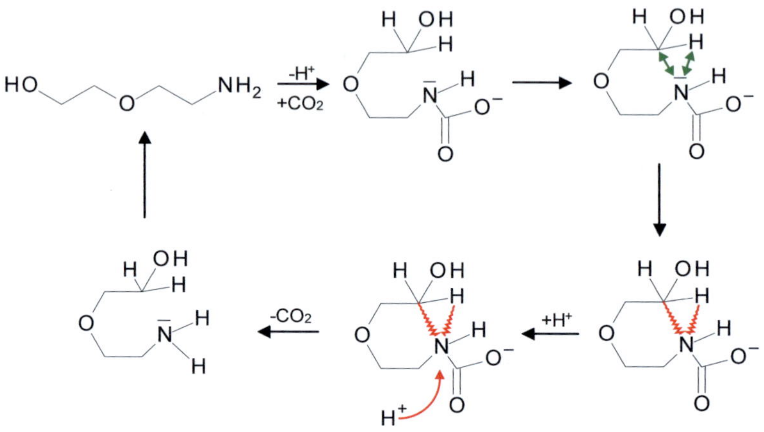

Bild 31: Möglicher Reaktionsweg zur Auflösung der AEE-CO_2-Carbamate

Bild 31 zeigt einen möglichen Reaktionsweg für die Regeneration der AEE-Carbamate. Grundvoraussetzung ist die Tatsache, dass das AEE-Molekül die notwendige Länge besitzt, einen Molekülring zu bilden. Die Ringbildung ist grundsätzlich bei chemischen Stoffen von Vorteil und tritt daher häufig auf. Da bei AEE auffällig ist, dass kein zusätzlicher Beladungsgewinn bei der Absorption auftritt, kann davon ausgegangen werden, dass die bei 90°C geringere Gleichgewichtsbeladung mit einer einfacheren Regeneration der gebildeten Carbamat-Ionen verbunden sein muss. Wie in Bild 31 dargestellt, kann es auf Grund der ringähnlichen Molekülanordung zu einer Interaktion zwischen dem Stickstoffatom und bei ringähnlicher Faltung den naheliegenden Kohlenstoff- oder Wasserstoffatom kommen. Dies führt dann zu einer Destabilisierung der Carbamat-Bindung. Durch Aufnahme eines Wasserstoffatoms (Quelle ist das protonierte Amin oder Wasser), wie bei der Regeneration üblich, bildet sich wieder die Aminogruppe und CO_2 wird abgespaltet. Durch diesen Reaktionsweg wäre eine energetisch einfachere und damit effektivere Carbamat-Rückbildung möglich. Da für die Spaltung der Carbamatbindung viel Energie notwendig ist, läuft dieser Vorgang erst bei höheren Temperaturen ab, da die destabilisierende Wirkung der Stickstoff-Interaktion nicht ausreichend ist, um bereits bei 40°C die Carbamatbindung zu lösen und das CO_2 als Hydrogencarbonat zu binden. Daher erreicht AEE bei 40°C dieselbe Beladung wie MEA, kann aber mit weniger Energieaufwand bei hohen Temperaturen regeneriert werden. Wie in Tabelle 5 zusammengefasst, erreicht AEE dadurch eine größere fiktive Arbeitskapazität als MEA.

Tabelle 5: Ergebnisse der Versuche bei verschiedenen Aminkettenlängen

		MEA	AP-Kette	AEE
Beladung bei 40°C	mol CO_2/ mol Amin	0,54	0,57	0,53
Beladung bei 90°C	mol CO_2/ mol Amin	0,38	0,44	0,33
Arbeitskapazität	mol CO_2/ mol Amin	0,16	0,13	0,20

Allgemein zeigen die Versuche mit unterschiedlich langen bzw. beschaffenen Aminmolekülketten, dass die Verlängerung der Aminketten zu einer geringeren Arbeitskapazität führt. Dabei führt die längere Molekülkette zwar zu einer vermehrten CO_2-Bindung als Hydrogencarbonat, allerdings wird das protonierte Aminmolekül durch die längere Kettenstruktur im Vergleich zu MEA stabilisiert. Beim Vorhandensein einer zu MEA ähnlichen Kettenstruktur, wie im Falle von AEE, tritt dieser Effekt nicht mehr auf. Dies bedeutet, dass neben der reinen Kettenlänge ebenfalls die Anordnung der (Fremd-) Atome eine entscheidende Rolle spielt. Bei AEE zeigt sich der Vorteil einer möglichen Ringstruktur auf die CO_2-Beladung. Durch die destabilisierende Wirkung der ringähnlichen Struktur ist die Regeneration der Aminlösung, vor allem die Spaltung der Carbamat-Ionen, mit weniger Energie erreichbar.

3.3.3 Einfluss von Alkylseitenketten

Bereits unter 3.3.1 konnte gezeigt werden, dass die Aminklasse einen großen Einfluss auf die Bindung des CO_2 in der Aminlösung besitzt. Während sich MEA und DEA deutlich in ihrer Molekülstruktur unterscheiden, weisen die in Bild 32 dargestellten Amine nur kleine Unterschiede zueinander auf.

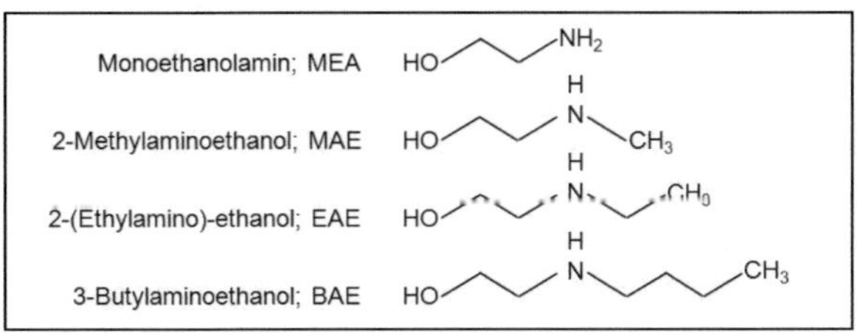

Bild 32: Strukturformel von MEA, MAE, EAE und BAE

Sie alle haben eine zu MEA gleiche Kettenstruktur, wobei die Kettenlänge der zusätzlich vorhandenen Seitenkette von Amin zu Amin zunimmt. Die Versuche unter 3.3.2 haben bereits gezeigt, dass die Destabilisierung des Stickstoffatoms zu einer gesteigerten Beladung führen kann.

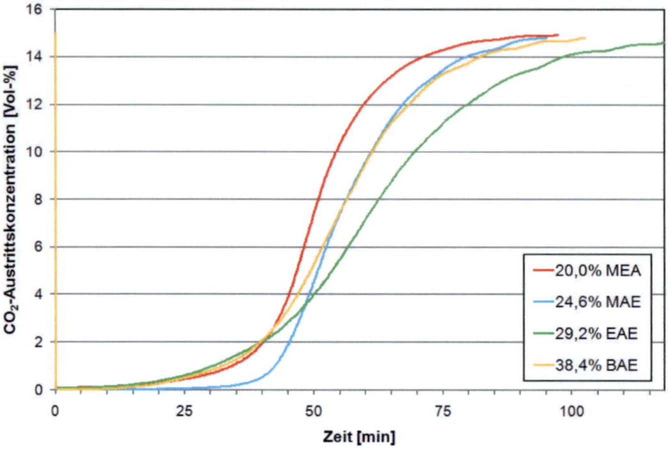

Bild 33: CO_2-Absorption von MEA, MAE, EAE und BAE bei 40°C

In Bild 33 sind die Ergebnisse der Versuche mit MAE, EAE und BAE bei 40°C dargestellt. Als Vergleich wurde die Kurve von MEA hinzugefügt. Die CO_2-Konzentrationskurven der drei Amine verlaufen sehr ähnlich zur Kurve von MEA. Dies bedeutet, dass die Reaktionsraten der Amine bei den Versuchen der Reaktionsrate von MEA ähneln. Lediglich MAE besitzt ab ca. 20min eine höhere Reaktionsrate als MEA, da die Kurve unterhalb der von MEA verläuft. Während MEA bei ca. 45min einen steilen Anstieg der CO_2-Konzentration und damit verbunden einen steilen Abfall der Reaktionsrate aufweist, verlaufen die Kurven der anderen Amine davon unterschiedlich. Bei MAE verläuft die Kurve nahezu parallel zu der von MEA, bei EAE und BAE verlaufen die Kurven flacher.

Bereits aus Bild 33 ist ersichtlich, dass die Amine MAE, EAE und BAE mehr CO_2 aufnehmen können als MEA, da ihre CO_2-Konzentrationskurven unterhalb von der von MEA verlaufen. Gleichzeitig wird deutlich, dass die Seitenketten der Amine zu einer größeren Reaktionsrate bei höheren Beladungen führen. Die Ursache für eine größere Reaktionsrate ist mit der Möglichkeit der Carbamat-Bildung verbunden, da es sich dabei um eine schnelle Reaktion handelt. Daher muss bei den Aminen MAE, EAE und BAE auch noch bei höheren Beladungen die Möglichkeit gegeben sein,

Carbamat-Ionen ausbilden zu können. Des Weiteren muss eine hohe Umwandlung der gebildeten Carbamat-Ionen in Hydrogencarbonate erfolgen, da nur dadurch einerseits die notwendige Menge an Aminogruppen zur Steigerung der Reaktionsrate bereit gestellt und andererseits eine höhere Beladung der Amine erreicht werden kann. Dies würde für eine kurze Lebensdauer bzw. hohe Instabilität der Carbamat-Ionen sprechen. Bei Annahme einer hohen Anzahl an Hydrogencarbonaten, müssten sich die Beladungen bzw. die fiktive Arbeitskapazität der Amine deutlich von der von MEA unterscheiden. Die aus den Kurven berechneten Beladungen und Arbeitskapazitäten sind in Bild 34 dargestellt und in Tabelle 6 zusammengefasst.

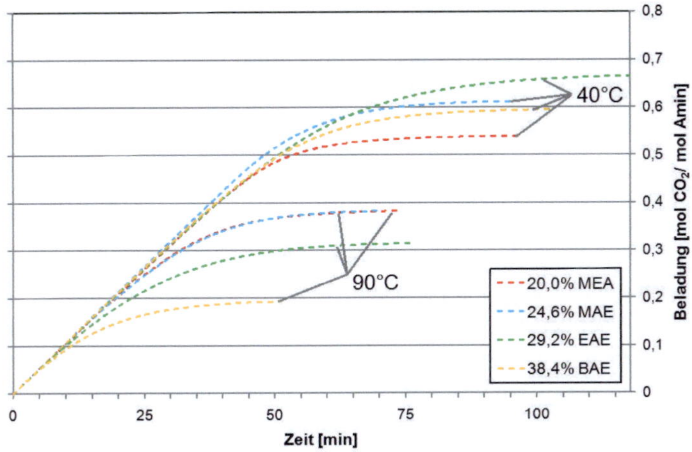

Bild 34: CO_2-Beladung von MEA, MAE, EAE und BAE

Die Beladungskurven bei 40°C spiegeln den Verlauf der CO_2-Konzentrationskurven in Bild 33 wieder. Während MEA die geringste Beladung erreicht, erzielen die anderen Amine eine höhere Gleichgewichtsbeladung. Dabei lässt sich kein Zusammenhang zwischen der Länge der Alkylseitenkette und der erreichten Gleichgewichtsbeladung erkennen. EAE erreicht mit einem Wert von 0,67mol CO_2/mol EAE eine um 25% höhere Gleichgewichtsbeladung als MEA. Betrachtet man die erreichten Gleichgewichtsbeladungen bei 90°C ergibt sich ein deutlicheres Bild der Zusammenhänge. Während MEA und MAE den gleichen Wert erreichen, fallen die Gleichgewichtsbeladungen bei EAE und BAE deutlich geringer aus. Auffällig ist dabei, dass die Alkylseitenkette von MAE über EAE zu BAE in ihrer Länge zunimmt. Dies würde bedeuten, dass die Länge der Alkylseitenkette einen Einfluss auf die Bindungsform des CO_2 in der Lösung bzw. die Stabilität der Amin-CO_2-Bindung besitzt.

Tabelle 6: Ergebnisse der Versuche zum Einfluss von Alkylseitenketten

		MEA	MAE	EAE	BAE
Beladung bei 40°C	mol CO_2/ mol Amin	0,54	0,61	0,67	0,59
Beladung bei 90°C	mol CO_2/ mol Amin	0,38	0,38	0,31	0,19
Arbeitskapazität	mol CO_2/ mol Amin	0,16	0,23	0,36	0,40

Betrachtet man die fiktive Arbeitskapazität der einzelnen Amine, wird der Einfluss der Alkylseitenketten besonders deutlich. Diese nimmt ausgehend von MEA ohne Seitenkette mit zunehmender Länge der Alkylseitenkette stetig zu. Somit besitzt das Amin mit der längsten Alkylseitenkette die größte fiktive Arbeitskapazität, was bedeutet, dass die Länge der Alkylseitenkette einen wesentlichen Einfluss auf die Stabilität der Bindung des CO_2 in der Waschlösung besitzt.

Die Versuche haben gezeigt, dass Alkylseitenketten an der Aminogruppe einen Einfluss auf die CO_2-Bindung durch die Amine besitzen. Einerseits erhöhen sie im Vergleich zu MEA die Gleichgewichtsbeladung bei niedrigen Temperaturen, anderseits sinkt die Gleichgewichtsbeladung bei hohen Temperaturen deutlich ab. Die Ursache für dieses Phänomen ist die Tatsache, dass die Alkylseitenkette die Hydrolyse der gebildeten Carbamat-Ionen fördert und somit mehr CO_2 als Hydrogencarbonat in der Lösung gebunden wird. Dadurch erreichen die Amine im Vergleich zu MEA eine höhere Gleichgewichtsbeladung bei 40°C. Bild 35 zeigt die Auswirkung der Länge der Alkylseitenkette deutlich.

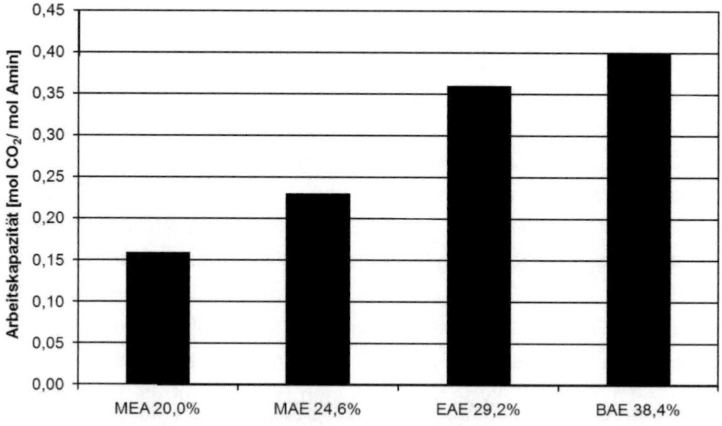

Bild 35: Staffelung der Amine mit Alkylseitenkette

Verantwortlich dafür ist die räumliche Abschirmung der Aminogruppe durch die Alkylseitenkette, die mit länger werdender Seitenkette ausgeprägter wird. Trotz dieser Tatsache weisen die Amine eine hohe Reaktionsrate auf, was bedeutet, dass die Bindung des CO_2 nicht durch eine Reaktion von OH^--Ionen mit CO_2 erfolgt, sondern über den unter 2.3.2 beschriebenen Amin-CO_2-H_2O-Komplex, so dass die Aufnahme und Bindung des CO_2 durch das Amin katalysiert wird. Aus diesem Grund weisen die Amine einen schwächeren Abfall der Reaktionsrate auf.

3.3.4 CO_2-Absorption durch Polyamine

Neben den bereits diskutierten Aminen existieren weitere Aminmoleküle, die mehr als eine Aminogruppe in der Molekülstruktur aufweisen. Eine Übersicht dieser Polyamine und den Vergleich zu MEA zeigt Bild 36.

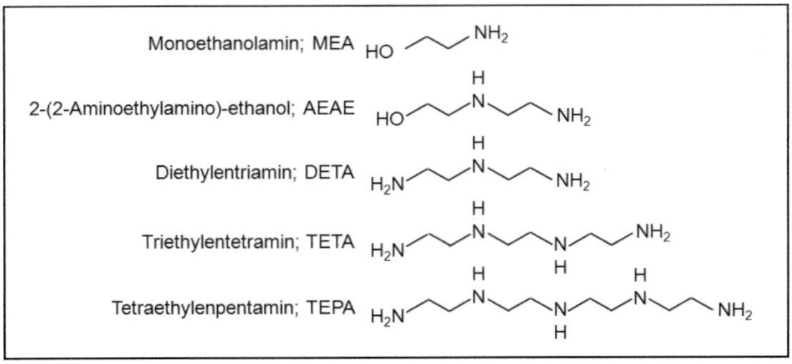

Bild 36: Strukturformel von MEA, AEAE, DETA, TETA und TEPA

Die Besonderheit der Polyamine ist die Tatsache, dass sie mehrere Aminogruppen in ihrer Molekülstruktur aufweisen, wobei die Molekülmasse nur geringfügig zunimmt. Dadurch wird, bezogen auf die molare Menge an Amin, eine höhere Dichte an Aminogruppen als bei MEA erreicht, was zur Folge hat, dass eine geringere Aminkonzentration in der Lösung im Vergleich zu MEA verwendet werden kann (z.B. 12% TETA vgl. 20% MEA). Dies bietet einerseits den Vorteil, dass bei einer Erhöhung der Aminkonzentration dennoch moderate Aminanteile in der Lösung vorhanden sind und somit das Korrosionsrisiko deutlich gesenkt werden kann. Des Weiteren wird weniger Amin im Vergleich zu MEA benötigt, was sich positiv auf die benötigten Lager- und Verarbeitungsmengen auswirkt. Ferner können bei einer Steigerung der Polyaminkonzentration bei z.B. TETA auf 30% (entspricht 50% MEA) wesentlich kleinere Reaktoren und Anlagen als bei 30% MEA verwendet werden, da eine geringere Waschmittelmenge zur Abtrennung der CO_2-Menge notwendig ist.

Bild 37 zeigt den Einfluss der Temperatur auf die Aufnahme von CO_2 durch Polyamine am Beispiel TETA. Ähnlich wie bei MEA sinkt die Gleichgewichtsbeladung mit steigender Temperatur nur leicht. Dies bedeutet allerdings, dass die Bindung des CO_2 an der Aminogruppe sehr stabil sein muss. Für die Absorption ist dieser geringe Einfluss der Temperatur von Vorteil, da somit die Erwärmung auf Grund der Reaktionsenthalpie nicht zu einer starken Abnahme der erreichbaren Aminbeladung beim Absorptionsprozess führt. Allerdings deutet dies ebenfalls darauf hin, dass der überwiegende Teil des CO_2 in Form von Carbamat-Ionen in der Lösung gebunden sein muss, da diese Bindung sehr stabil ist und nur durch einen hohen Einsatz an Energie gespalten werden kann. Somit wäre zur Regeneration der Polyamine ähnlich wie bei MEA ein hoher Bedarf an Energie notwendig. Da die Kurven der anderen Polyamine einen vergleichbaren Verlauf wie die Kurven bei TETA zeigen, kann davon ausgegangen werden, dass bei allen Polyaminen ähnliche Reaktionen ablaufen müssen und somit das Verhältnis zwischen Carbamat- und Carbonat-Bindung stark auf die Seite der Carbamat-Bindung verschoben ist.

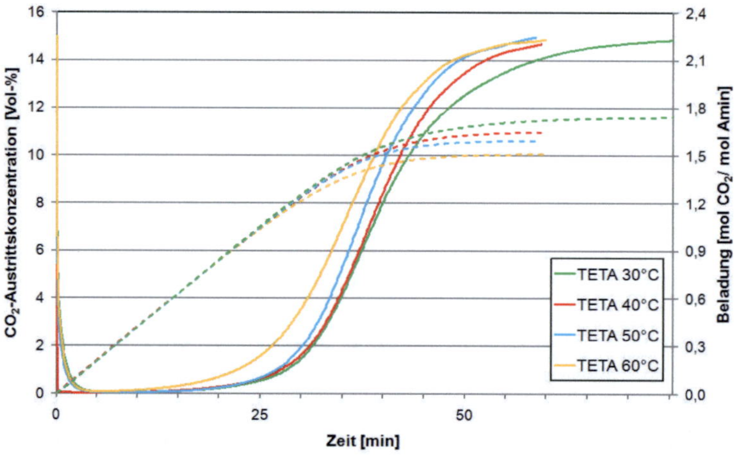

Bild 37: Temperatureinfluss auf die CO_2-Aufnahme durch TETA

Bild 38 zeigt den Verlauf der Austrittskonzentration an CO_2 bei den Versuchen mit den verschiedenen Polyaminen bei 40°C. Die rote Linie zeigt zum Vergleich den Verlauf der Kurve von MEA. Die Ergebnisse zeigen, dass die Kurven der Polyamine einen ähnlichen Verlauf wie die Kurve von MEA besitzen. Eine Ausnahme bildet nur die Kurve von AEAE, die im Anfangsbereich bei einem höheren CO_2-Wert verläuft, aber dann dem allgemeinen Verlauf der Kurven folgt. Aus Bild 38 ist zu erkennen, dass die Polyamine weniger CO_2 binden als MEA, da ihre Kurven alle auf der linken

Seite von MEA verlaufen. Des Weiteren ist zu erkennen, dass je größer die Anzahl der Aminogruppen ist, desto geringer fällt die absorbierbare CO_2-Menge aus.

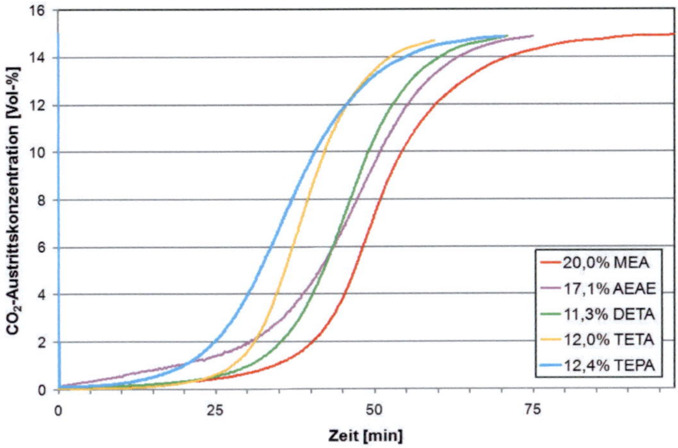

Bild 38: CO_2-Absorption von Polyaminen im Vergleich zu MEA bei 40°C

Tabelle 7 zeigt den Vergleich der ermittelten Beladung der Amine bei 40°C und einem theoretisch ermittelten Wert. Die theoretische Beladung wurde berechnet, in dem die Beladung von MEA mit der Anzahl der Aminogruppen des Amins multipliziert wurde. Setzt man voraus, dass jede Aminogruppe die gleiche Menge an CO_2 bindet, müsste sich bei diesem Vorgehen ein linearer Zusammenhang ergeben. Die stetig steigende Differenz der theoretischen und der realen Beladung macht allerdings deutlich, dass die Aminogruppen nicht unabhängig voneinander bzw. wie die Aminogruppe von MEA reagieren. Ursache dafür ist die Kombination aus primären und sekundären Aminogruppen in der Polyamin-Molekülstruktur.

Tabelle 7: Vergleich der theoretischen und realen CO_2-Beladungen bei 40°C

		MEA	AEAE	DETA	TETA	TEPA
Beladung bei 40°C	mol CO_2/ mol Amin	0,54	0,94	1,42	1,65	1,93
Anzahl der Aminogruppen	Aminogruppe/ mol Amin	1	2	3	4	5
Differenz (theoret.-reale Beladung)	mol CO_2/ mol Amin	0,00	0,14	0,19	0,51	0,76

Bild 39 zeigt den Verlauf der CO_2-Austrittskurven der verschiedenen Amine bei 40 und 90°C. Aus diesen Kurven wurde die fiktive Arbeitskapazität der Amine berechnet. Die Diagramme zeigen, dass mit zunehmender Anzahl an Aminogruppen die Beladung steigt. Dies gilt sowohl für die Gleichgewichtsbeladung bei 40 sowie bei 90°C. Da die Kurven bei allen Polyaminen den gleichen Verlauf besitzen, kann angenommen werden, dass alle Polyamine nach der gleichen Reaktion das CO_2 binden.

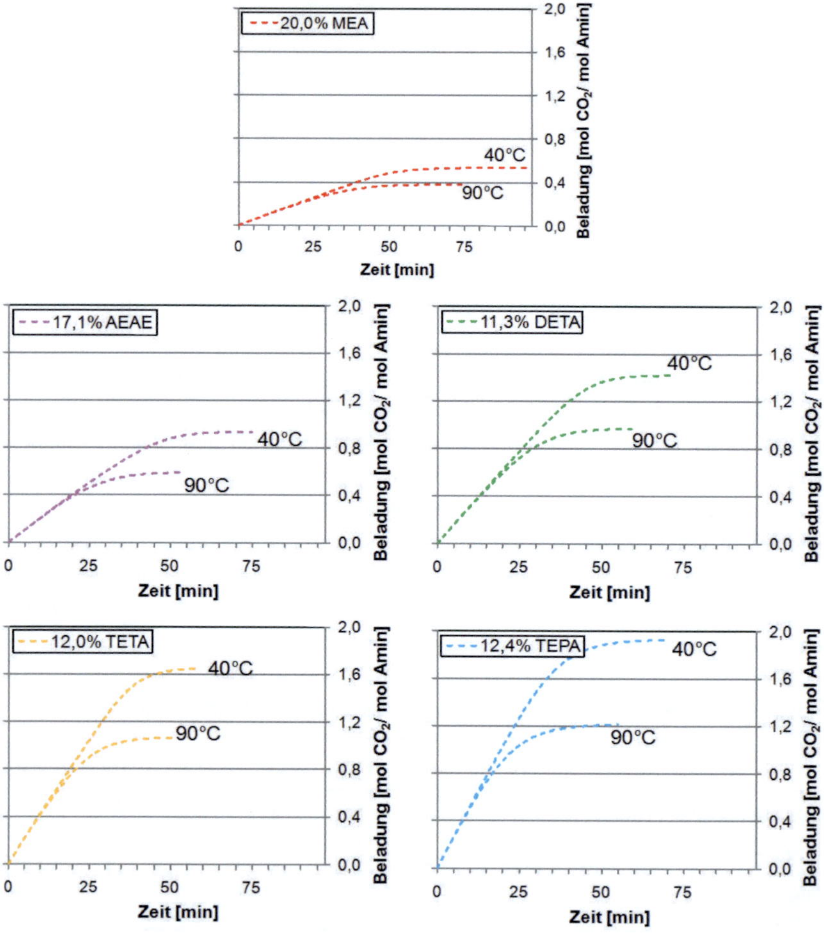

Bild 39: CO_2-Beladung von Polyaminen im Vergleich zu MEA

In Tabelle 8 sind die Daten der Versuche zusammengefasst. Des Weiteren wurde aus den Gleichgewichtsbeladungen bei 40 und 90°C die fiktive Arbeitskapazität berechnet. Diese nimmt mit zunehmender Anzahl an Aminogruppen stetig zu und wird durch die Steigerung der Anzahl der Aminogruppen hervorgerufen. Bei den Versuchen nimmt zwar die Waschlösung absolut eine vergleichbare bzw. etwas geringere Menge an CO_2 auf, allerdings führt die Berechnung „pro Mol Amin" bei gleichzeitig sinkender Aminkonzentration zu den höheren Werten. Bezieht man die berechnete Arbeitskapazität auf die Anzahl der Aminogruppen im Amin, ergibt sich ein von der Aminstruktur unabhängiger Wert für die Arbeitskapazität. Dabei wird deutlich, dass alle Polyamine den gleichen Arbeitskapazitätswert pro Aminogruppe erreichen. Auffällig ist ebenso, dass der erreichte Wert ebenfalls dem von MEA entspricht. Somit können MEA und die Polyamine mit jeder Aminogruppe die gleiche Menge an CO_2 binden. Entgegen den Ergebnissen der Untersuchungen sekundärer Amine (siehe 3.3.3) führen die sekundären Aminogruppen der Polyamine nicht zu einer vermehrten CO_2-Aufnahme in Form von Hydrogencarbonat. Auch unter der Annahme einer reinen Carbamat-Bildung erreichen die Polyamine nicht den theoretischen Wert.

Tabelle 8: Ergebnisse der Versuche mit Polyaminen

		MEA	AEAE	DETA	TETA	TEPA
Beladung bei 40°C	mol CO_2/ mol Amin	0,54	0,94	1,42	1,65	1,93
Beladung bei 90°C	mol CO_2/ mol Amin	0,38	0,59	0,97	1,06	1,22
Arbeitskapazität	mol CO_2/ mol Amin	0,16	0,34	0,45	0,58	0,71
Anzahl der Aminogruppen	Aminogruppe/ mol Amin	1	2	3	4	5
Kapazität pro Aminogruppe	mol CO_2/ Aminogruppe	0,16	0,17	0,15	0,15	0,14

Verursacht wird dieses Phänomen vermutlich durch eine gegenseitige Beeinflussung der Aminogruppen bei der Aufnahme von CO_2. Dabei reagieren die Aminogruppen an den Enden des Moleküls nach der gleichen Art wie bei MEA. Die Aminogruppen innerhalb der Molekülstruktur dagegen sind nicht in der Lage, vollständig zu Carbamat-Ionen zu reagieren. Vermutlich spielt dabei die Größe des Carbamat-Ions eine wichtige Rolle, so dass mehrere Carbamat-Ionen nebeneinander nicht stabil innerhalb der Molekülstruktur gebildet werden können. Des Weiteren sind die Aminogruppen bzw. die gebildeten Carbamat-Ionen weniger reaktiv mit Wasser, wodurch keine Hydrolyse des CO_2 erfolgt, da einerseits die Aminogruppen sich gegenseitig abschirmen und andererseits die Molekülstruktur diesem Prozess entgegen wirkt. Da die Struktur der Polyamine stets symmetrisch fortgesetzt wird, tritt dieses Phänomen bei allen untersuchten Polyaminen in gleicher Art auf und führt zur selben Kapazität pro Aminogruppe.

Im Allgemeinen führt die Erhöhung der Anzahl der Aminogruppen nicht zu einer Steigerung der aufgenommenen CO_2-Menge. Entscheidend bei der Bewertung von Polyaminen ist allerdings die Berechnung der Arbeitskapazität pro Aminogruppe. Der wesentliche Vorteil der Polyamine ist allerdings die hohe Dichte an Aminogruppen in ihrer Molekülstruktur, was sich in der im Vergleich zu MEA geringeren Aminkonzentration der Polyamine ausdrückt. Dadurch ergibt sich der Vorteil, dass es bei einer Steigerung der Aminkonzentration bei den Polyaminen zu einer wesentlich höheren Dichte an Aminogruppen in der Waschlösung kommt. So entspricht z.B. eine 50%-ige MEA-Lösung einer 31%-igen TEPA-Lösung, was bezüglich der benötigten Aminmenge und des Korrosionspotentials wesentliche Vorteile verspricht.

3.3.5 Einfluss der räumlichen Molekül-Struktur

Die Versuche zuvor haben bereits gezeigt, dass die räumliche Struktur und die Anordnung der Aminogruppe im Molekül einen wichtigen Einfluss auf die Form der CO_2-Aufnahme haben. Eine komplexe räumliche Anordnung in einem Molekül trägt je nach Ausprägung zur sterischen Hinderung der Aminogruppe bei. Dabei schirmen Molekülkettenteile die funktionelle Gruppe des Moleküls ab, wodurch eine ansonsten ablaufende Reaktion auf Grund der Abstoßungseigenschaften der für die Abschirmung verantwortlichen Molekülteile gehemmt bis verhindert wird (elektrostatische Abstoßung). Allerdings ist dieses Phänomen mit einer kinetischen Hemmung verbunden, wodurch die Reaktion – sofern noch möglich – langsamer abläuft.

Bild 40 zeigt eine Übersicht ausgewählter Amine, die teilweise sterisch gehindert sind.

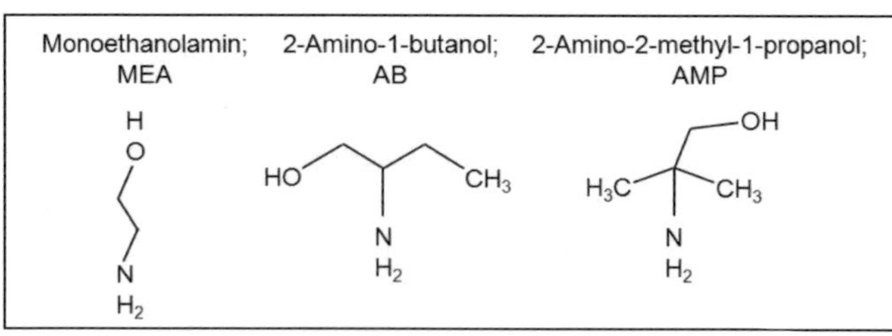

Bild 40: Strukturformel von MEA, AB und AMP

Alle Moleküle besitzen eine primäre Aminogruppe. Die wesentliche Änderung der Molekülstruktur tritt erst beim der Aminogruppe benachbartem Kohlenstoff-Atom auf. So besitzt das Kohlenstoffatom bei MEA außer den Wasserstoffatomen nur eine Alkylkette, bei AB dagegen aber bereits zwei. Bei AMP sind alle Wasserstoffatome durch Alkylketten ersetzt, so dass sich ein komplex aufgebautes Molekül ergibt. Bild 41 zeigt die räumliche Struktur der Amine. Die blauen Kugeln stehen dabei für die Aminogruppen, die roten für die Hydroxylgruppen und die schwarzen für die Kohlenstoffatome inklusive des daran gebundenen Wasserstoffs.

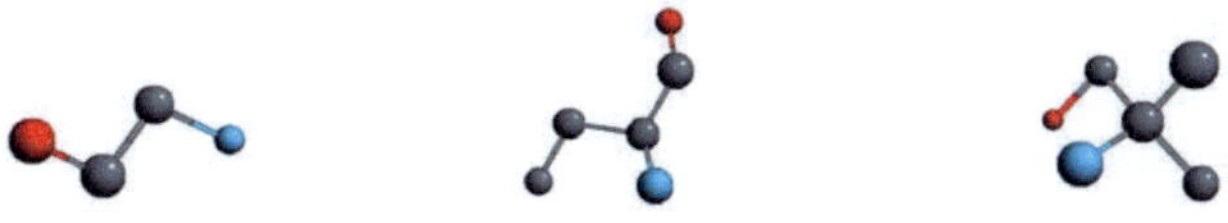

Bild 41: Räumliche Struktur der Aminmoleküle

Deutlich ist die zunehmende Abschirmung bzw. Blockade der Aminogruppe zu erkennen. Während bei MEA keine Blockade auftritt, gruppieren sich bei AMP die drei Teilketten des Moleküls um die Aminogruppe. Dadurch sinken die Möglichkeiten für die Reaktion der Aminogruppe mit CO_2, da die optimale Ausrichtung des CO_2 und der Aminogruppe zueinander entscheidend ist. Bei MEA existieren dagegen diverse Ausrichtungsmöglichkeiten, was zu einer hohen Reaktionsrate zwischen MEA und CO_2 führt. Bei AB und AMP ist aber weiterhin die Reaktion der Aminogruppe mit den im Gegensatz zu CO_2 kleineren Wassermolekülen möglich, was zur Bildung von Hydrogencarbonaten führt. Des Weiteren sinkt auf Grund der sterischen Hinderung die Reaktionsrate der Amine AB und AMP mit CO_2.

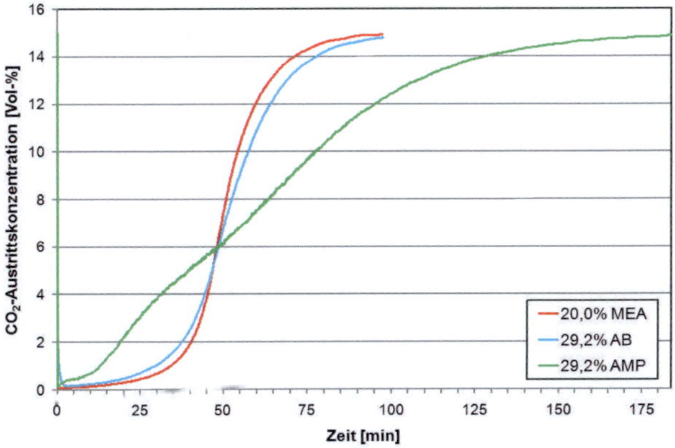

Bild 42: Einfluss der räumlichen Molekülstruktur auf die CO_2-Aufnahme bei 40°C

Diesen Sachverhalt zeigt Bild 42. Die dargestellten Kurven zeigen den Verlauf der CO_2-Austrittskonzentrationen der verschiedenen Amine bei 40°C. Bei AB sinkt die Reaktionsrate im Vergleich zu MEA kaum ab, so dass die CO_2-Austrittskurve von AB ähnlich der von MEA verläuft, da die sterische Hinderung nicht stark ausgeprägt ist. Dies wird durch die tetraederförmige Anordnung im Bereich der Aminogruppe verursacht, da die beiden Alkylketten und das Wasserstoffatom von der Aminogruppe wegzeigen, so dass diese räumlich frei ist und gut mit dem CO_2 reagieren kann. Im Gegensatz dazu zeigt sich bei AMP deutlich der Einfluss der räumlichen Struktur und sterischen Hinderung. Die Reaktionsrate sinkt deutlich gegenüber der von MEA und AB ab. Auffällig ist, dass kurz nach Beginn der Versuche die Kurve stark ansteigt und später wieder abflacht. Dies wird durch den Einfluss der Temperatur und der Autoerwärmung der Aminlösung hervorgerufen. Durch die Reaktion des Amins mit dem CO_2 wird Energie frei, die zu einer Erwärmung der Lösung führt. Mit fortschreitendem Versuch kühlt sich die Lösung wieder auf 40°C ab und erreicht die Gleichgewichtsbeladung. Bei AMP führt die räumliche Nähe der Alkylketten zur Aminogruppe zu einer deutlichen Abschirmung der Aminogruppe, was sich in der geringen Reaktionsrate wiederspiegelt. Zur genaueren Betrachtung wurden die fiktiven Arbeitskapazitäten der Amine ermittelt. Dabei zeigt Bild 43 die berechneten Beladungskurven bei 40 und 90°C und Tabelle 9 eine Übersicht der Daten.

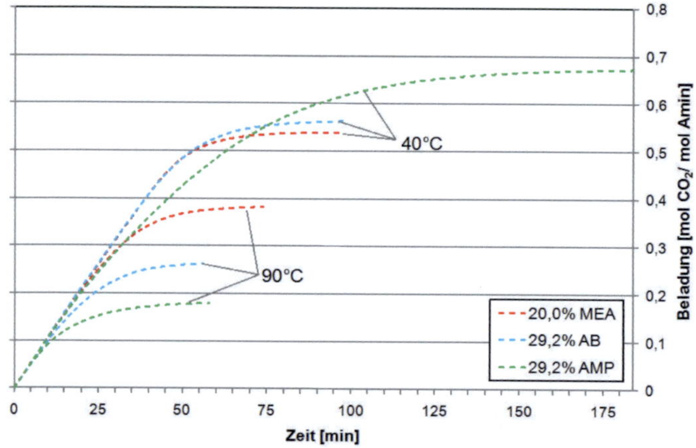

Bild 43: Einfluss der räumlichen Molekülstruktur auf die CO_2-Beladung

Die Beladungskurven zeigen, dass die sterische Hinderung einen Einfluss auf die erreichbare Gleichgewichtsbeladung besitzt. Bereits AB (nur eine Alkylkette am ersten Kohlenstoffatom nach der Aminogruppe) erreicht bei 40°C eine höhere Gleichgewichtsbeladung als MEA. Dies deutet darauf hin, dass durch die Abschirmung mehr CO_2 als Hydrogencarbonat gebunden wird. AMP dagegen, das zwei Alkylketten am ersten Kohlenstoffatom nach der Aminogruppe besitzt, erreicht eine um 25% höhere Gleichgewichtsbeladung als MEA. Auffällig ist der flachere Verlauf der AMP-Kurve bei 40°C, der auf die geringere Reaktionsrate zurückzuführen ist. Dabei erfordert die räumliche Form des AMP-Moleküls eine bestimmte Ausrichtung des CO_2 zur Aminogruppe, um das Carbamat-Ion ausbilden zu können, da dieses einen großen Raumbedarf fordert.

Tabelle 9: Ergebnisse der Versuche zum Einfluss der räumlichen Struktur

		MEA	AB	AMP
Beladung bei 40°C	mol CO_2/ mol Amin	0,54	0,56	0,67
Beladung bei 90°C	mol CO_2/ mol Amin	0,38	0,26	0,18
Arbeitskapazität	mol CO_2/ mol Amin	0,16	0,30	0,49

Die Reaktion mit Wasser ist dagegen einfacher möglich, da sie die Bindung eines Wasserstoffmoleküls an die Aminogruppe und die Bindung des CO_2 als Hydrogencarbonat erfordert. Da Wasserstoffatome sehr klein sind, ist dieser Bindungsweg bei ausgeprägter sterischer Hinderung der Amine bevorzugt. Nachteilig ist dabei nur der langsamere Bindungsaufbau bzw. die geringere CO_2-Absorptionsgeschwindigkeit. Bild 44 zeigt den vermuteten Verlauf der Reaktion bei der Bindung des CO_2 in der AMP-Lösung.

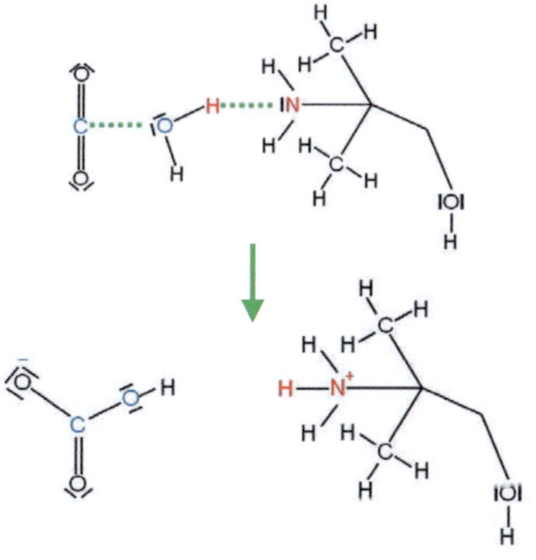

Bild 44: Möglicher Reaktionsweg der CO_2-Bindung bei AMP

Auf Grund der Größe und der planaren Form des CO_2-Moleküls ist die Anlagerung des CO_2 an die Aminogruppe von AMP erschwert. Wasser dagegen kann durch die Ausbildung von Wasserstoffbrücken und auf Grund seiner abgewinkelten Form in Wechselwirkung mit der Aminogruppe treten. Da die Aminogruppe als Base fungiert und ein Wasserstoffatom aufnehmen kann, entstehen OH^--Ionen, die wiederum mit CO_2 zu HCO_3^--Ionen reagieren können. Würde die Reaktion in zwei einzelnen Schritten ablaufen, wäre die Reaktionsrate äußerst langsam. Daher kann davon ausgegangen werden, dass, wie in Bild 44 dargestellt, die Aufnahme des CO_2 durch die Ausbildung eines Zwischenzustands erfolgt („AMP-H_2O-CO_2-Komplex"). Dabei tritt die Aminogruppe in Wechselwirkung mit einem Wassermolekül, welches gleichzeitig in Wechselwirkung mit einem CO_2-Molekül tritt. Durch diesen Zwischenzustand wird eine höhere Reaktionsrate erreicht, da die Reaktion in nur einem Schritt erfolgt und durch die starken Wechselwirkungen beschleunigt verläuft. Durch diesen Reaktionsweg ist einerseits die schnelle Aufnahme von CO_2 im Vergleich zur direkten Reaktion CO_2-OH^- und andererseits eine höhere Beladung der Lösung möglich.

Die Versuche zeigten, dass eine ausgeprägte sterische Hinderung des Aminmoleküls zu einer höheren Aminbeladung im Vergleich zu MEA führt. Des Weiteren ist ebenfalls die Arbeitskapazität auf Grund der Bindungsform des CO_2 in der Lösung erhöht. Da die Aufnahme des CO_2 als Hydrogencarbonat erfolgt, ist die Reaktionsrate bei sterisch gehinderten Aminen verglichen mit der Reaktionsrate bei hoher Carbamat-Bildungsrate reduziert. Wesentlicher Faktor für die Stärke der sterischen Hinderung ist die Abschirmung der Aminogruppe durch Seitenketten des Aminmoleküls, da diese die Anlagerung des CO_2 verhindern. Dabei ist entscheidend, dass dies nur auf Grund der Form des CO_2-Moleküls, das planar aufgebaut ist, hervorgerufen wird, da somit bei einer räumlichen Abschirmung die Anlagerung des CO_2 nicht mehr erfolgen kann. Wasser dagegen kann auf Grund seines gewinkelten Aufbaus trotz der Abschirmung in Wechselwirkung mit der Aminogruppe treten, wobei hier besonders die Wasserstoffatome von Bedeutung sind. Allerdings zeigen die Versuche, dass nicht die Größe der Seitenkette, die zur räumlichen Hinderung beitragen, entscheidend ist, sondern ihre Anzahl und Ausrichtung. So weist AB zwar eine deutliche sterische Hinderung auf, allerdings ist bei AMP trotz kleinerer Seitenkette die sterische Hinderung ausgeprägter.

3.4 Schlussfolgerungen

Auf Grund der Versuchsergebnisse lassen sich folgende Schlussfolgerungen bezüglich der Vorgänge bei der CO_2-Absorption durch aminhaltige Waschlösungen treffen.

Dabei ist von besonderer Bedeutung, wie der Energiebedarf zur Regeneration der Waschlösung gesenkt werden kann. Der Bedarf an Regenerationsenergie wird von der spezifischen Reaktionsenthalpie des Amins, von der Aminkonzentration und der Bindungsform des CO_2 in der Lösung bzw. der Stabilität des absorbierten CO_2 in der Lösung beeinflusst (siehe auch 2.3.3).

Die Ergebnisse zeigen anhand des Beispiels MEA, dass die Steigerung der Aminkonzentration zu einer verringerten Hydrolyse an Carbamat-Ionen führt, wodurch die Waschlösung bezogen auf die Molmenge Amin weniger CO_2 aufnehmen kann. Allerdings führt die Steigerung der Aminkonzentration dazu, dass pro Waschmitteleinheit mehr CO_2 gebunden wird, so dass sich die Umlaufrate der Waschlösung senkt. Diesen Zusammenhang verdeutlicht Bild 45. Dennoch ist eine hohe Aminkonzentration anzustreben, da die Reduktion der Umlaufmenge an Waschlösung eine höhere Energieersparnis bei der Regeneration erwarten lässt.

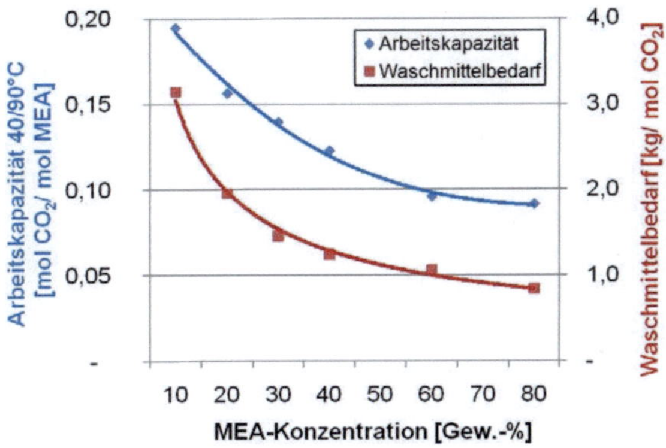

Bild 45: Abhängigkeit der Arbeitskapazität und des Waschmittelbedarfs von der Aminkonzentration

Die Form der Bindung des CO_2 in der Waschlösung spielt im Hinblick auf die Regeneration eine entscheidendere Rolle, wobei verschiedene Faktoren diese beeinflussen. Das CO_2 wird durch die Amine als Carbamat oder als Hydrogencarbonat gebunden, wobei die Verteilung durch die Struktur des Amins beeinflusst wird. Ein hoher Anteil an Carbonat-Ionen im Waschmittel ist dabei von großem Vorteil, da das Gleichgewicht der Reaktion Hydrogencarbonat zu CO_2 mit steigender Temperatur deutlich auf der Seite des CO_2 verschoben wird und somit weniger Energie zur Regeneration aufgewandt werden muss. Des Weiteren muss nicht die Bindung Aminogruppe-CO_2 gespalten, sondern lediglich das CO_2 über das Gleichgewicht Kohlensäure-Hydrogencarbonat-CO_2 aus der Lösung ausgetrieben werden.

Die Versuche haben gezeigt, dass einerseits zusätzliche Alkylketten an der Aminogruppe und deren Länge und dass andererseits Seitenketten am Nachbar-Kohlenstoffatom der Aminogruppe (α-C-Atom) die CO_2-Aufnahme beeinflussen. Alkylseitenketten wirken in beiden Fällen destabilisierend auf die Carbamat-Ionen und führen zu einer vermehrten Umlagerung der Carbamat-Ionen zu Hydrogencarbonat bzw. der direkten Bindung des CO_2 als Hydrogencarbonat. Dabei existiert ein deutlicher Einfluss der Alkylkettenlänge bzw. Anzahl der Seitenketten. Je länger die Alkylkette oder je höher die Anzahl der Seitenketten, desto mehr CO_2 wird als Hydrogencarbonat gebunden. Allerdings wirkt diese Veränderung nachteilig bei der Reaktionsgeschwindigkeit, so dass komplexe Amine äußerst träge mit CO_2 reagieren. Aus den Versuchen wurde deutlich, dass die Erhöhung der Anzahl der Alkylseitenketten und somit die Steigerung der sterischen Hinderung des Moleküls einen stärkeren Einfluss auf die Arbeitskapazität als die Länge der Alkyseitenkette besitzt.

Neben der Veränderung an der Aminogruppe selbst (Seitenkette) bzw. am α-C-Atom (sterische Amine) wurden ebenfalls Amine mit mehr als einer Aminogruppe untersucht. Die Ergebnisse zeigten, dass die Erhöhung der Anzahl an Aminogruppen zu keiner Steigerung der molaren Arbeitskapazität führt. Spezifisch betrachtet wird pro Aminogruppe die gleiche Menge CO_2 gebunden wie bei MEA. Der Vorteil von Polyaminen liegt dagegen in der hohen Aminogruppendichte pro Molekül, so dass weniger Amin im Vergleich zu MEA eingesetzt werden muss, um die gleiche Anzahl an Aminogruppen in der Lösung zu erzielen. Dies ermöglicht es, bei niedrigerem Amineinsatz die gleiche Menge CO_2 abzutrennen.

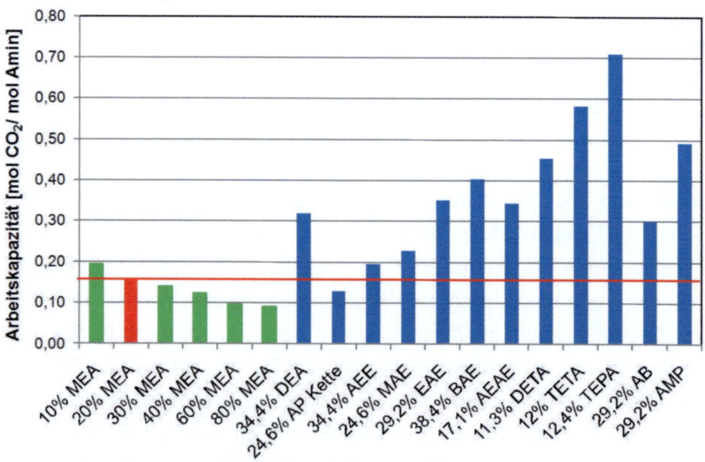

Bild 46: Überblick der molaren Arbeitskapazität der verwendeten Amine

Bild 46 zeigt die berechnete molare Arbeitskapazität der untersuchten Amine. Zur Berechnung wurden die Gleichgewichtsbeladung von 90 und 40°C verwendet. Das Bild verdeutlicht, dass die Amine teilweise eine deutlich erhöhte molare Arbeitskapazität im Vergleich zu 20% MEA besitzen. Während sich bei der Änderung der MEA-Konzentration nur geringfügige Änderungen ergeben, weist beispielweise DEA die doppelte molare Arbeitskapazität als 20% MEA auf. Vor allem die Polyamine weisen eine extrem gesteigerte molare Arbeitskapazität auf, so dass TEPA nahezu die fünffache molare Arbeitskapazität als 20% MEA besitzt. Im Allgemeinen zeigt sich, dass verzweigte Amine und Amine mit mehr als einer Aminogruppe eine höhere molare Arbeitskapazität als eine 20%-ige MEA-Lösung besitzen. Während beim Vergleich der Amine die molare Arbeitskapazität einen Zusammenhang zwischen dem Molekulargewicht und der aufgenommenen Menge an CO_2 herstellt und zum Vergleich der Amine dient, ist für eine technische Bewertung die tatsächlich aufgenommene Menge an CO_2 entscheidend. Aus der molaren Arbeitskapazität kann die auf die Waschmittelmenge bezogene Arbeitskapazität berechnet werden. Bild 47 zeigt daher die berechnete Arbeitskapazität pro kg Waschmittel für die einzelnen Amine.

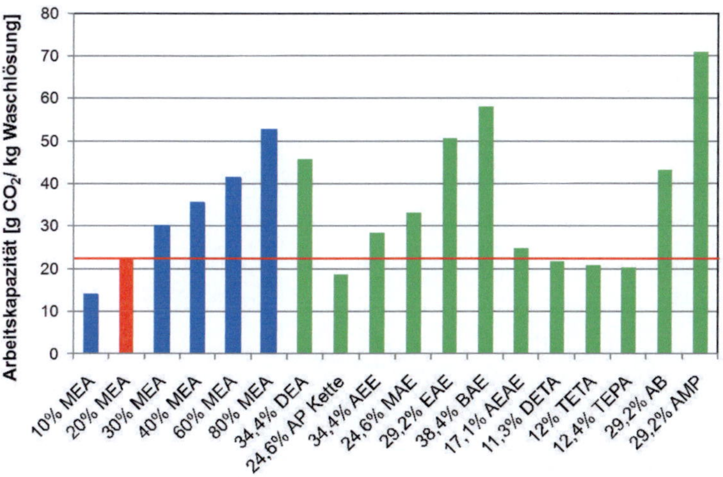

Bild 47: Massebezogene Arbeitskapazität der verwendeten Amine

Im Vergleich zu Bild 46 wird vor allem an den unterschiedlichen MEA-Lösungen deutlich, dass erst die Arbeitskapazität mit Bezug zur Waschmittelmasse die wahren Sachverhalte wiedergibt. Dabei steigt die CO_2-Menge pro kg Waschlösung stetig an, obwohl die molare Arbeitskapazität nahezu unverändert blieb. Im Gegensatz dazu steigt die molare Arbeitskapazität der Polyamine (AEAE, DETA, TETA und TEPA) an, während die massebezogene Arbeitskapazität für alle Polyamine ähnlich ist und der von 20% MEA entspricht. Für alle anderen Amine existiert ein eindeutiger Zusammenhang zwischen der molaren Arbeitskapazität und der Arbeitskapazität pro kg Waschlösung.

Die zuvor diskutierten Sachverhalte zeigt Bild 48 zusammenfassend. Dabei ist die Arbeitskapazität über der Anzahl an Alkylseitenketten bei Aminen mit Seitenketten (0 bis 4) oder über der Anzahl an Seitengruppen bei sterischen Aminen (1 bis 3) oder über der Anzahl der Aminogruppen bei Polyaminen (1 bis 5) aufgetragen. Vergleicht man den Einfluss der einzelnen Molekülvarianten (Kohlenstoffanzahl/ Länge der Seitenkette; Anzahl Alkylketten bei sterischen Aminen; Aminogruppe bei Polyaminen), so wird deutlich, dass zunächst das Vorhandensein von Seitenketten an der Aminogruppe zu besseren Ergebnissen führt. Ab einer Länge der Seitenkette von mehr als zwei Kohlestoffatomen überwiegen dann die Vorteile der sterischen Hinderung und selbst eine weitere Steigerung der Seitenkettenlänge erreicht nicht den selben Beladungswert wie bei sterischer Hinderung. Polyamine dagegen erzielen stets den gleichen spezifischen Wert bei der Berechnung der Arbeitskapazität bezogen pro Aminogruppe. Allerdings erreichen sie bei Berechnung der absoluten Arbeitskapazität wie im Diagramm dargestellt ab vier Aminogruppen weitaus größere Werte als die beiden zuvor genannten Variationen.

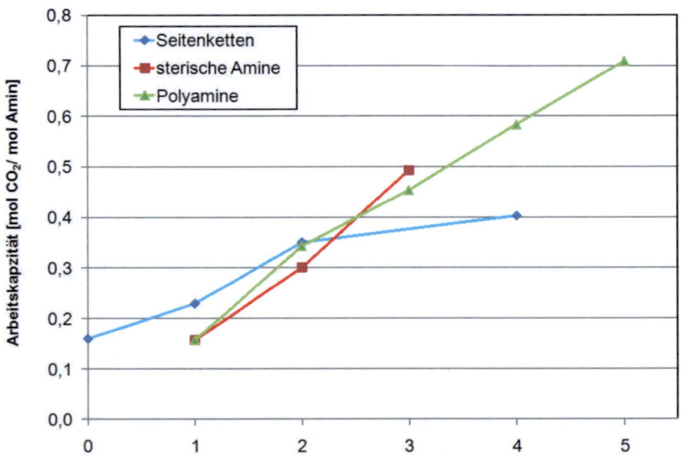

Bild 48: Einfluss der verschiedenen Molekülmodifikationen auf die Arbeitskapazität

Basierend auf den Resultaten ergibt sich zur Steigerung der Arbeitskapazität und somit zur Senkung des Energieverbrauchs bei der Aminregeneration folgende Staffelung für die Modifikation des Aminmoleküls bzw. die Auswahl des verwendeten Amins:

1. Einsatz von Polyaminen mit vier oder mehr Aminogruppen,
2. Verwendung von sterisch stark gehinderten Aminen
3. Erhöhung der Länge der Seitenkette

Dabei nimmt der Vorteil bei der Verwendung der entsprechenden Amine gegenüber den Werten von MEA von Punkt zu Punkt ab. Alternativ kann auch gesagt werden, dass bereits durch den Einsatz von Aminen mit Alkylseitenketten eine Verbesserung gegenüber MEA erreicht werden kann. Durch Einsatz von sterisch gehinderten Aminen oder dem Einsatz von Polyaminen wird eine weitere Steigerung der Beladung erreicht. Des Weiteren können diese Veränderungen mit der Steigerung der Aminkonzentration gekoppelt werden, so dass eine weitere Energieersparnis erfolgt.

Zur Bewertung der Ergebnisse der Aminuntersuchungen hinsichtlich des Energiebedarfs bei der Verwendung von zu 20% MEA alternativen Aminen ergibt sich die Schwierigkeit, dass für die meisten Amine keine Angaben zu den Reaktionsenthalpien vorliegen. Darüber hinaus ist der Strippdampfbedarf für die verschiedenen Amine nicht bekannt bzw. abhängig von den Betriebsparametern des Desorbers. Lediglich die Energiemenge die zur Erwärmung der Aminlösung notwendig ist, kann basierend auf den Daten einer 20% MEA-Lösung abgeschätzt werden.

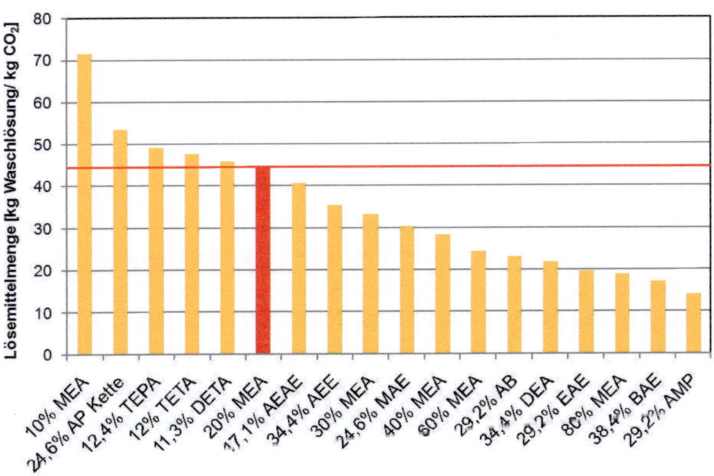

Bild 49: Überblick zum Waschmittelbedarf zur Abtrennung von einem kg CO_2

Bild 49 zeigt den Bedarf an Waschlösung pro kg abgetrenntes CO_2. Dieser wurde aus der Differenz der erreichten Gleichgewichtsbeladungen bei 40 und 90°C ermittelt. Deutlich ist zu erkennen, dass von den meisten getesteten Aminen im Vergleich zu 20% MEA weniger Waschlösung benötigt wird, um die gleiche Menge CO_2 abzutrennen. Dies wird durch die erhöhte Arbeitskapazität der alternativen Amine erreicht. Die erreichbaren Werte liegen dabei von 14 bis 71kg Waschlösung pro kg CO_2. Die angegebenen Werte sind nicht die realen Werte, die sich in Wäscherkolonnen einstellen würden, da einerseits bei der Absorption nicht die Gleichgewichtsbeladung erreicht wird und andererseits bei der Regeneration ein geringerer Beladungswert durch die höhere Regenerationstemperatur erreicht wird. Basierend auf den zuvor ermittelten Aminmengen wurde, wie in Bild 50 für ausgewählte Amine dargestellt, der auf das abgetrennte CO_2 bezogene Energiebedarf für die Erwärmung des benötigten Waschmittelstroms berechnet. Als Ausgangswert zur Berechnung des notwendigen Energiebedarfs wurde der, wie unter 2.3.2 beschrieben, ermittelte Energiebedarf von 0,8MJ/kg CO_2 einer MEA-Waschlösung verwendet und mit dem Verhältnis der aus den Gleichgewichtsbeladungen berechneten fiktiven Arbeitskapazitäten der jeweiligen Amine und MEA multipliziert. Bei MEA wird dabei deutlich, dass eine Verdopplung der Aminkonzentration von 20% auf 40% zu einer Absenkung des Energiebedarfs für die Waschmittelerwärmung von 37% auf ca. 0,5MJ/kg CO_2 führt. Eine weitere Verdopplung der MEA-Konzentration auf 80% MEA-Anteil zu einer weiteren Ersparnis von 20% und einem Energiebedarf von 0,34MJ/kg CO_2. Die nichtlineare Abnahme des Energiebedarfs wird durch die mit zunehmendem MEA-Anteil – wie unter 3.2.4 gezeigt – abnehmende Arbeitskapazität hervorgerufen. Während 80%-ige MEA-Lösung sehr zähflüssig ist, erreichen zu 20% MEA vergleichbare Konzentrationen von DEA und EAE den nahezu gleichen Wert wie 80% MEA. Im Gegensatz zu MEA, das die Energieersparnis durch den höheren Aminanteil und die damit verbundene geringere Waschmittelmenge erzielt, erreichen die beiden Amine die Ersparnis durch eine wesentlich größere Arbeitskapazität als 20% MEA. Die beiden Polyamine DETA und TEPA führen zu keiner Energieersparnis im Vergleich zu 20% MEA, da sie keine größere Arbeitskapazität pro Aminogruppe erreichen. Dennoch besteht die Option der Steigerung des geringen Aminanteils, was ähnlich wie bei MEA zu einer deutlichen Energieersparnis führen würde. Bei AMP, das die größte Arbeitskapazität der getesteten Amine besitzt, wird die größte Energieersparnis von ca. 69% ausgehend von 20% MEA erreicht. Die Wärmekapazität der verschiedenen Amine besitzt eine deutlich untergeordnete Rolle. Bei MEA beträgt sie 3,9kJ/(kg*K) und bei DEA 3,8kJ/(kg*K), welches vergleichbare Werte zu Wasser mit 4,2kJ/(Kg*K) darstellen [145].

Basierend auf den Ergebnissen wird deutlich, dass einerseits durch die Steigerung des Aminanteils sowie durch eine hohe Arbeitskapazität der Energiebedarf für die Erwärmung der Waschlösung vermindert werden kann.

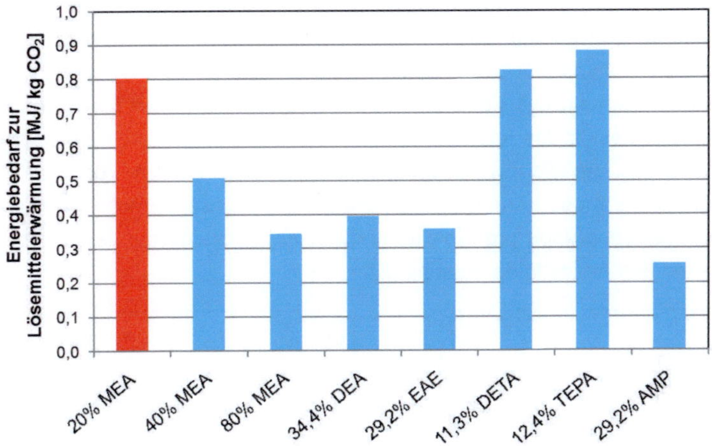

Bild 50: Energiemenge zur Waschmittelerwärmung im Vergleich zu MEA

Die beiden anderen Energieanteile zur CO_2-Freisetzung und zur Erzeugung des Strippdampfes hängen von der Stabilität der Bindung des CO_2 in der Lösung ab. Dies bedeutet, dass ein niedriger Beladungswert bei den Versuchen zur Gleichgewichtsbeladung bei 90°C auf eine schwache Bindungsstärke in der Lösung hindeutet. In Bild 51 Teil A sind einige der untersuchten Amine hinsichtlich der erreichten Gleichgewichtsbeladung bei 90°C sortiert. Hier zeigt sich, dass vor allem die komplex aufgebauten bzw. sterisch gehinderten Amine BAE, AMP und DEA die geringste Gleichgewichtsbeladung bei 90°C aufweisen. Allerdings kann die Gleichgewichtsbeladung bei 90°C nicht als alleiniges Kriterium betrachtet werden, da neben einer schwachen Bindung des CO_2 in der Lösung auch die Menge an gebundenem CO_2 von Bedeutung ist. Daher wurde, wie in Bild 51 Teil B dargestellt, aus der Arbeitskapazität und der Gleichgewichtsbeladung bei 90°C ein Faktor P für das Potential des Amins berechnet und die Amine entsprechend sortiert. Der Faktor P berechnet sich dabei nach folgender Formel:

$$P = \frac{1}{(1-\text{Arbeitskapazität } (90°\text{C-}40°\text{C}))+\text{Beladung bei } 90°\text{C}} \qquad \text{(Gl. 13)}$$

Der Formel liegt die Annahme zu Grunde, dass die maximal erreichbare Arbeitskapazität 1mol CO_2/mol Amin beträgt. Somit beschreibt der erste Term im Nenner die Abweichung von dieser maximalen Arbeitskapazität. Der zweite Teil, die Beladung bei 90°C, steht dabei wiederum für die Stabilität der Bindung des CO_2 in der Lösung, da davon ausgegangen werden kann, dass ein niedriger Wert auf eine schwache Bindung hindeutet und somit auch auf einen geringen Wert bei der Reaktionsenthalpie. Durch die Berechnung des Kehrwerts wird im Ergebnis ein Wert berechnet, der umso größer ist, je besser das Amin zur CO_2-Abtrennung geeignet ist. Das Ergebnis stellt einen Wert dar, der die frei verfügbare molare Menge an Amin pro Mol CO_2 wiedergibt. Allerdings muss berücksichtigt werden, dass diese Berechnung nur für Amine mit einer Aminogruppe pro Molekül und nur für Versuche mit vergleichbarer Molkonzentration des Amins in der Lösung gilt.

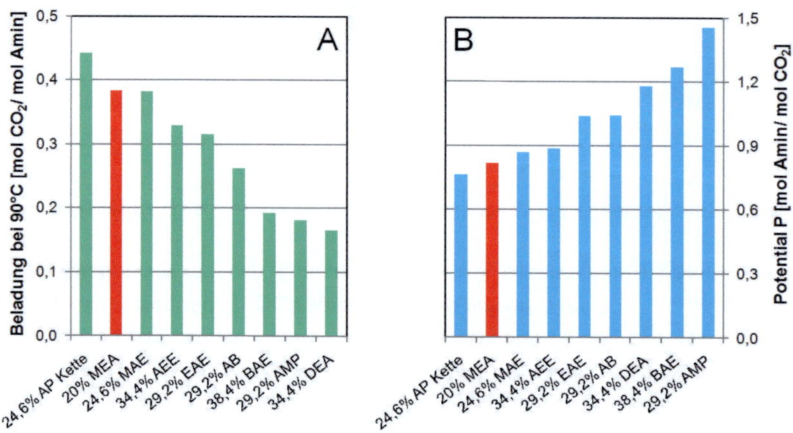

Bild 51: Staffelung ausgewählter Amine

Aus Bild 51 Teil B wird deutlich, dass sich die Reihenfolge nur im Bereich von BAE, AMP und DEA im Vergleich zu Teil A verändert hat, wobei die Abstufung der Amine untereinander sich ebenfalls verändert hat. Deutlich wird dies beispielsweise an MEA und MAE. Beide erzielen bei 90°C die selbe Gleichgewichtsbeladung, allerdings besitzt MAE ein höheres Potential als MEA, was durch die erhöhte Arbeitskapazität erzielt wird. Allerdings lässt das Ergebnis vermuten, dass der Energiebedarf auf Grund der ähnlich stabilen Bindung des CO_2 in der Lösung wie bei MEA nicht deutlich geringer ausfallen wird als bei einer MEA-Lösung. Vergleicht man AMP mit MEA ergibt sich ein deutlicher Unterschied, da einerseits die Arbeitskapazität sehr hoch ist und andererseits die Gleichgewichtsbeladung bei 90°C sehr gering ist, wobei AMP das höchste Potential der untersuchten Amine besitzt. Der Vorteil von AMP gegenüber DEA und BAE, der sich in Teil A nicht so deutlich zeigte, wird erst durch die Berechnung des Potentials erreicht, da der Faktor sowohl eine hohe Arbeitskapazität und eine geringe Gleichgewichtsbeladung bei 90°C als vorteilhaft bewertet. Generell zeigt sich, dass der Vergleich der Amine über diesen Faktor zu einer besseren Bewertung führen kann, da nicht nur die Arbeitskapazitäten oder Gleichgewichtsbeladungen bei einer bestimmten Temperatur bewertet werden, sondern vielmehr eine Kombination von vorteilhaften Werten berücksichtigt wird.

3.5 Bedeutung der Arbeit für den Stand der Forschung und Wissenschaft

Die vorliegende Arbeit kann in den Stand des Wissens über die CO_2-Wäsche, wie er unter Kapitel 2.3 beschrieben wurde, im Bereich der grundlegenden Beschreibung und Untersuchung der Eigenschaften verschiedener Amine eingeordnet werden. Die Untersuchungen wurden dabei mit der Zielsetzung durchgeführt, den Zusammenhang zwischen der Molekülstruktur des Amins und der CO_2-Aufnahme zu identifizierten und die Amine anhand dieses Phänomens hinsichtlich ihrer Eignung zur CO_2-Abtrennung zu klassifizieren. Dazu wurden grundlegende Erkenntnisse über den Einfluss der Molekülstruktur auf die CO_2-Bindung in der Waschlösung durch die systematische Untersuchung von Aminen mit ähnlicher Molekülstruktur erarbeitet.

Die Ergebnisse der Versuche zeigen, dass nicht die Einordnung der Amine in primäre, sekundäre oder tertiäre Strukturen deren Eigenschaften bezüglich der CO_2-Aufnahme beschreibt, sondern dass die Amine entsprechend ihrer Molekülstruktur einzuordnen sind. Entgegen der häufig zitierten theoretischen Betrachtung, dass primäre und sekundäre Amine auf Grund der Bildung von Carbamat-Ionen eine maximale Beladung von 0,5mol CO_2/ mol Amin erreichen, konnte anhand der Versuche gezeigt werden, dass je nach Molekülstruktur die Bindung des CO_2 als Hydrogencarbonat zusätzlich von großer Bedeutung ist und deutlich größere Werte für die Beladung erreicht werden können. Entscheidender Faktor für eine gesteigerte Bindung des CO_2 als Hydrogencarbonat ist die Komplexität des Aminmoleküls, wobei mit zunehmender Komplexität des Moleküls deutlich mehr CO_2 gebunden werden kann.

Für die Charakterisierung der Waschlösungen im Rahmen dieser Arbeit kam ein einfacher Laboraufbau zum Einsatz, mit dem die Beschreibung bzw. der Vergleich der Waschlösungen anhand von Gleichgewichtsbeladungen bei verschiedenen Temperaturen sowie einer daraus berechneten Arbeitskapazität erfolgte. Die Absorption wurde durch die Gleichgewichtsbeladung im Temperaturbereich zwischen 20 und 60°C und die Desorption durch Versuch bei 90°C beschrieben. Die Ergebnisse zeigen, dass mit Hilfe dieses einfachen Versuchsaufbaus ein Vergleich der Waschlösung möglich ist. Durch die gezielte Betrachtung der Molekülform in Zusammenhang mit der CO_2-Aufnahme als Carbamat oder Hydrogencarbonat konnte gezeigt werden, dass die Molekülstruktur die Bindungsform des CO_2 beeinflusst. Des Weiteren wurde ein Zusammenhang zwischen der Stabilität der CO_2-Bindung in der Lösung und der Gleichgewichtsbeladung bei 90°C ermittelt. Durch die gewonnenen Erkenntnisse über den Einfluss der Molekülstrukturen kann zukünftig die Untersuchung und Auswahl von Aminen zur CO_2-Abtrennung gezielter erfolgen. Ausgehend von den vorliegenden Daten wäre durch eine Untersuchung weiterer Molekülstrukturen zukünftig die gezielte Synthese von Aminen mit speziellen Eigenschaften möglich. Durch Erweiterung der Betrachtung auf den mit der Molekülstruktur verbunden Energiebedarf zur Regeneration wäre eine gezieltere Auswahl von Aminen und eine energetische Verbesserung des CO_2-Waschprozesses erreichbar.

Die Bewertung der untersuchten Amine bezüglich des Energiebedarfs wurde in Relation zu den Ergebnissen von MEA durchgeführt. Entgegen der häufig dafür verwendeten Parameter wie Reaktionsenthalpie oder Gesamtenergiebedarf bei der Regeneration wurde in dieser Arbeit die Beladungsdifferenz zwischen 40 und 90°C sowie die Gleichgewichtsbeladung bei 90°C verwendet. Durch die Betrachtung und den Vergleich der verschiedenen Aminmoleküle anhand dieser beiden Parameter konnte gezeigt werden, dass damit ein Vergleich der Amine erfolgen kann. Die Beladungsdifferenz ist dabei ein Maß für die benötigte Waschmittelmenge und direkt mit der benötigten Energie zur Waschmittelerwärmung verbunden. Die Beladung bei 90°C wurde als Maß für die Stabilität der CO_2-Bindung in der Waschlösung betrachtet. Somit ist eine geringere Beladung mit einem geringeren Energiebedarf zur Regeneration verbunden. Durch den Vergleich und die Interpretation der Daten im Verhältnis zu MEA konnte gezeigt werden, dass diverse aminhaltige Waschlösungen existieren, die deutlich mehr und instabiler CO_2 binden als MEA. Basierend auf dieser Betrachtungsweise können aus den vorliegenden Daten Amine ausgewählt werden, die ein hohes Potential zum Einsatz bei der CO_2-Wäsche besitzen.

4 Zusammenfassung und Ausblick

4.1 Zusammenfassung

Die Abtrennung von CO_2 aus dem Rauchgas von Kraftwerken wird als eine Möglichkeit zur Reduktion der weltweiten CO_2-Emissionen und als Maßnahme gegen den Klimawandel diskutiert. Durch den langjährigen Einsatz in der (Erd-) Gasaufbereitung und der Option zur Nachrüstung bestehender Kraftwerke bietet der Einsatz von wässrigen Aminlösungen deutliche Vorteile gegenüber anderen Technologien zur CO_2-Abtrennung. Dennoch bestehen noch keine Erfahrungen mit der für fossil befeuerte Kraftwerke benötigten Dimension und Prozessführung solcher Anlagen. Der wesentliche Nachteil ist allerdings die Tatsache, dass zur Regeneration der Waschlösung ein erheblicher Energiebedarf benötigt wird, wodurch der Wirkungsgrad des Kraftwerks deutlich reduziert wird.

Im Rahmen der Arbeit wurden verschiedene Amine hinsichtlich ihrer Eignung zur Abtrennung von CO_2 aus Rauchgasen labortechnisch untersucht. Die Bewertung der untersuchten wässrigen Aminlösungen erfolgte durch die Ermittlung des Verhaltens bei der CO_2-Aufnahme im Vergleich zu einer Waschlösung bestehend aus Monoethanolamin (MEA, 20 Gew.-%), welche als bekannte und häufig verwendete Aminlösung zur CO_2-Abtrennung gilt. Zu diesem Zweck wurde ein Versuchsaufbau zur Bestimmung der Gleichgewichtsbeladung der unterschiedlichen Waschlösungen konzipiert und mit synthetischem Rauchgas betrieben. Als Ergebnis der Versuche ergaben sich die Gleichgewichtsbeladungen für jedes Amin in Abhängigkeit der Temperatur in einem Bereich von 30 bis 90°C. Der Vergleich der Amine erfolgte anhand der Definition, dass die jeweiligen Lösungen die gleiche Anzahl an Aminogruppen aufweisen. Dadurch ergaben sich zwar unterschiedliche Aminmassenanteile für jede Lösung, allerdings waren die Möglichkeiten zur Bindung des CO_2 bei allen Lösungen vergleichbar.

Zur Ermittlung des Zusammenhangs zwischen der Struktur und der Fähigkeit CO_2 zu binden wurden verschiedene Aminreihen bzw. Amingruppen untersucht. Grundlegende Betrachtungen wurden mit MEA durchgeführt, wobei hier der Zusammenhang zwischen der Aminkonzentration und der aufgenommenen CO_2-Menge betrachtet wurde. Darüber hinaus erfolgt ein Vergleich von MEA mit einem sekundären Amin (DEA). Im Rahmen der Aminreihen wurde der Einfluss der Länge der Kohlenstoffkette zwischen der Aminogruppe und der Alkoholgruppe, das Vorhandensein von Alkylseitenketten als Modifikation der Aminogruppe sowie der Einfluss der sterischen

Hinderung der Aminogruppe untersucht. Des Weiteren erfolgte ein Vergleich von MEA mit Polyaminen, die mehr als eine Aminogruppe in ihrer Molekülstruktur aufweisen.

Ausgehend von der theoretischen Beladung von MEA von 0,5mol CO_2/mol MEA ergab sich bei der Untersuchung der Waschlösungen mit unterschiedlichen Massenanteilen an MEA, dass diese bei einem MEA-Anteil von unter 40% eine höhere Beladung als die theoretische Beladung erreichen. Im Allgemeinen ist bei der CO_2-Aufnahme bei 40°C ein deutlicher Zusammenhang zwischen dem MEA-Anteil in der Lösung und der Beladung erkennbar. Dies wird durch die verstärkte Hydrolyse der gebildeten Carbamat-Ionen auf Grund des hohen Wasseranteils bei niedrigem MEA-Anteil verursacht. Bei einer Temperatur von 90°C erreichten die verschiedenen MEA-Lösungen eine vergleichbare CO_2-Beladung, wobei das gebundene CO_2 vorwiegend als Carbamat-Ionen vorliegt, da die Hydrogencarbonat-Ionen bei hoher Temperatur nicht stabil gebunden werden. Die Ergebnisse zeigen zwar eine Abnahme der molaren Arbeitskapazität bei zunehmendem Aminanteil, allerdings steigt die absolut in der Lösung gebundene CO_2-Menge mit zunehmendem Anteil an MEA deutlich an, so dass trotz molarer Beladungsabnahme Vorteile hinsichtlich des Energiebedarfs zur Regeneration auf Grund der reduzierten Umlaufmenge erzielt werden können.

Beim Vergleich von MEA mit dem sekundären Amin DEA ergaben die Versuche im Bereich der Reaktionsrate und der CO_2-Beladung bei unterschiedlichen Temperaturen deutliche Unterschiede für die beiden Amine. Der wesentliche Nachteil des sekundären Amins ist die im Vergleich zu MEA deutlich reduzierte Reaktionsrate, wobei die CO_2-Beladung beim sekundären Amin im Vergleich zu MEA deutlich mit zunehmender Temperatur absinkt. Die Reduktion der Reaktionsrate wird durch die zusätzliche Alkylalkoholkette verursacht, die die Reaktivität der Aminogruppe auf Grund der Abschirmung deutlich reduziert. Allerdings führt dieser Effekt auch zu einer Verlagerung der Bindungsform des CO_2 in der Waschlösung hin zu Hydrogencarbonat-Ionen, was wiederum zu einer erleichterten bzw. energiereduzierten Regeneration führt.

Zusätzliche Alkylseitenketten an der Aminogruppe ergaben eine deutliche Steigerung der erreichbaren Arbeitskapazität um bis zu 150% im Vergleich zu MEA. Deutlich trat dabei ein Zusammenhang zwischen der Länge der Alkylseitenkette und der erreichten Arbeitskapazität auf, so dass diese umso größer wurde, je länger die Alkylseitenkette war. Auf Grund der geringen Größe der zusätzlichen Alkylseitenkette erzielten die Amine zu MEA vergleichbare Reaktionsraten, obwohl es sich ebenfalls wie bei

DEA um sekundäre Amine handelt. Dies reduziert das zusätzliche Reaktorvolumen deutlich, so dass der Einsatz dieser Amine nicht zu einer Steigerung der Absorberdimension führen würde.

Amine mit mehr als einer Aminogruppe weisen den wesentlichen Vorteil auf, dass nur geringe Mengen notwendig sind, um eine vergleichbare Aminogruppenanzahl in der Lösung wie bei MEA zu erreichen. Dies bedeutet, dass je nach verwendetem Polyamin der Aminanteil in der Waschlösung auf Werte unter 12 Gew.-% reduziert werden kann, wodurch ein erhebliches Potential zur Steigerung der Aminkonzentration und somit zur Reduktion der Umwälzmenge vorhanden ist. Bei der Untersuchung der einzelnen Polyamine ergab sich, dass diese eine nahezu identische Reaktionsrate wie MEA aufweisen und deutlich größere molare Arbeitskapazitäten erzielen. Betrachtet man allerdings die gewichtsbezogenen oder die molaren, auf die Anzahl der Aminogruppen bezogenen, Arbeitskapazitäten, erzielen die Polyamine einen zu MEA vergleichbaren Wert. Dies lässt den Schluss zu, dass beim Einsatz von Polyaminen die Anzahl der Aminogruppen keinen Effekt auf die (molare) Beladung hat, allerdings durch Steigerung des Aminanteils deutlich mehr CO_2 bei moderaten Amingehalten in der Waschlösung gebunden werden kann. Ausschlaggebend für dieses Verhalten sind die hohe Dichte und der geringe Abstand der Aminogruppen in der Molekülstruktur der Polyamine.

Die sterische Hinderung führt üblicherweise zu einer hohen Kapazität der Waschlösung und einem geringen Energiebedarf zur Regeneration. Bei der Untersuchung der sterischen Hinderung wurden Veränderungen am α-C-Atom, dem der Aminogruppe direkt benachbarten Kohlenstoff-Atom, durch Erhöhung der Anzahl der Seitenketten durchgeführt. Dabei zeigte sich, dass mit zunehmender Anzahl der Seitenketten die Beladung bei 40°C und die resultierenden Arbeitskapazitäten zunahmen und sich ein Zusammenhang zwischen der Anzahl an Seitenketten und der Arbeitskapazität ergab, wobei deren Anzahl auf Grund der möglichen Bindung auf drei begrenzt ist.

Basierend auf den Ergebnissen der verschiedenen Einflüsse der Molekülstrukturen ergeben sich hinsichtlich der erzielbaren Arbeitskapazität, die mit einer Reduktion der Umwälzmenge an Waschlösung verbunden ist, verschiedene Vorteile bestimmter Aminstrukturen. Des Weiteren zeigen bestimmte Aminstrukturen bei der Annahme, dass eine große Differenz zwischen den Beladungen bei 40 und 90°C für eine schwache Bindungsform des CO_2 in der Lösung und somit für eine energetisch günstigere Regeneration im Vergleich zu MEA spricht, deutliche Vorteile für einen möglichen Einsatz. So führt die einfache Modifikation durch Verwendung von Aminen mit kurzen Alkylseitenketten (zwei zusätzliche Kohlenstoffatome) an der Aminogruppe zu einer Verdopplung der Arbeitskapazität. Die Verwendung von stark sterisch gehinderten Aminen führte zu einer weiteren Steigerung der Arbeitskapazität. Dabei wurde eine Erhöhung der Arbeitskapazität um bis zu 150% erreicht, indem wesentlich mehr CO_2 als Hydrogencarbonat in der Lösung gebunden wurde. Neben der Erhöhung der aufgenommenen Menge an CO_2 zeigen des Weiteren Polyamine ein deutliches Potential zur Senkung des Amin- und damit auch des Energiebedarfs auf Grund der Tatsache, dass der Bedarf an Amin zur Bindung der gleichen CO_2-Menge deutlich geringer ist als bei MEA.

Generell wurde bei den Versuchen deutlich, dass die Struktur des Aminmoleküls einen entscheidenden Einfluss auf die Aufnahme und Bindung des CO_2 besitzt und dass die Klassifizierung der Amine in Primär oder Sekundär keine adäquate Wiedergabe über das Leistungsvermögen darstellt. Ebenfalls wurde deutlich, dass die Modifikation nicht zwangsläufig mit einer Reduktion der Reaktionsrate verbunden sein muss. Darüber hinaus hat sich gezeigt, dass bereits einfache Änderungen an der Molekülstruktur zu Verbesserungen hinsichtlich des CO_2-Aufnahmevermögens führen, wobei komplexe Veränderungen der Struktur zu deutlichen Verbesserungen bei der Arbeitskapazität beitragen. Durch die Verbesserung der Arbeitskapazität, der damit verbundenen Reduktion der Umwälzmenge und der veränderten bzw. schwächeren Bindung des CO_2 in der Waschlösung wird ebenfalls ein positiver Beitrag zur Reduktion des Bedarfs an Energie zur Regeneration erwartet.

4.2 Ausblick

Ausgehend von den durchgeführten Versuchen und den abgeleiteten Möglichkeiten zur Reduktion des Regenerationsenergiebedarfs ergeben sich weitere Fragen, die eine belastbare Bewertung der Ergebnisse ermöglichen könnten.

Der Bedarf an Energie für die Regeneration wird üblicherweise aus der Summe der Energien für die Spaltung der Bindung CO_2-Amin (Reaktionsenthalpie), der Erwärmung der Waschlösung auf Verdampfungstemperatur und dem Energiebedarf zur Strippdampfproduktion gebildet. Während durch die vorliegenden Ergebnisse der Bedarf an Energie zur Waschmittelerwärmung berechnet werden kann, sind für diverse Amine die Reaktionsenthalpien nicht bekannt. Diese müssten im Rahmen von Kalorimetermessungen bestimmt werden und würden einen wesentlichen Beitrag zur Ermittlung des Leistungspotentials der verschiedenen Amine liefern.

Für den realen Einsatz von Aminen in Waschkolonnen ist die Kenntnis der Reaktionsrate zur Auslegung der Kolonne von großer Bedeutung. Ausgehend von den Versuchsdaten kann keine Reaktionsrate, die eine allgemein gültige Aussage zum Verhalten des Amins bei der CO_2-Absorption zulässt, bestimmt werden. Diese Messungen erfolgen üblicherweise in speziellen Apparaturen, bei denen die CO_2-Aufnahme über eine definierte Fläche ermittelt wird. Mit Hilfe dieser Daten wäre ein Vergleich mit dem bekannten Waschmittel MEA möglich und es könnte der Einfluss der Reaktionsrate auf die Dimensionierung des Absorbers bewertet werden.

Neben den Effekten wie Energiebedarf und Absorptionsraten ist die Kenntnis der Langzeitstabilität der Amine von großer Bedeutung für den Betrieb. Die Degradation der Amine auf Grund bestimmter Rauchgasbestandteile oder durch die thermische Belastung bei der Regeneration verursachen einerseits hohe Betriebskosten (Aminerneuerung) und andererseits haben sie einen negativen Einfluss auf die Leistungsfähigkeit der Kolonne.

Neben der Charakterisierung von Aminen ist die Untersuchung der Waschlösungen im Rahmen von Versuchen in kontinuierlich betriebenen Demonstrations- bzw. Versuchsanlagen notwendig. Mit Hilfe dieser Untersuchungen kann eine Langzeitbewertung der Waschlösungen unter realen Betriebszuständen erfolgen, was für eine großtechnische Umsetzung sowie für eine reale und zuverlässige Bewertung der neu entwickelten Waschlösungen notwendig ist.

Literaturverzeichnis

[1] Schönwiese, C.-D.: Der anthropogene Treibhauseffekt in Konkurrenz zu natürlichen Klimaänderungen. Geowissenschaften 13 (5/6), S. 207, 1995

[2] Canadella, Josep; Le Quéré, Corinne; Raupacha, Michael; Fielde, Christopher; Buitenhuisc, Erik; Ciaisf, Philippe; Conwayg, Thomas; Gillettc, Nathan; Houghtonh, Richard; Marland, Gregg: Contributions to accelerating atmospheric CO_2 growth from economic activity, carbon intensity, and efficiency of natural sinks. Proceedings of the National Academy of Sciences, 2007

[3] Intergovernmental Panel on Climate Change: Climate Change 2001 – IPCC Third Assessment Report, 2001

[4] Oreskes, Naomi: The Scientific Consensus on Climate Change. Science, Band 306, 2004

[5] Meehl, Gerald A.; Washington, Warren M.; Ammann, Caspar M.; Arblaster, Julie M.; Wigleiy, Thomas M. L., Tebaldi, Claudia: Combinations of Natural and Anthropogenic Forcings in Twentieth-Century Climate. Journal of Climate, Vol. 17, October, 2004, S. 3721–3727

[6] Bundesministerium für Wirtschaft und Technologie: Bruttostromerzeugung nach Energieträgern. Energiedaten Tabelle 22, URL http://www.bmwi.de/BMWi/Redaktion/Binaer/Energiedaten/energietraeger10-stromerzeugungskapazitaeten-bruttostromerzeugung,property=blob,bereich=bmwi,sprache=de,rwb=true.xls. Download am 18.09.2010

[7] Bundesministerium für Wirtschaft und Technologie: Emissionen von Kohlendioxid, Stickstoffoxiden, Schwefeldioxid, Kohlenmonoxid und Gesamtstaub. Energiedaten Tabelle 9, URL: http://bmwi.de/BMWi/Redaktion/Binaer/Energiedaten/energie-und-umwelt1-emissionen-co2-u.a.,property=blob,bereich=bmwi,sprache=de,rwb=true.xls. Download am 18.09.2010

[8] Bundesministerium für Wirtschaft und Technologie: Treibhausgasemissionen. Energiedaten Tabelle 10, URL: http://www.bmwi.de/BMWi/Redaktion/Binaer/Energiedaten/energie-und-umwelt2-treibhausgas-emissionen,property=blob,bereich=bmwi,sprache=de,rwb=true.xls. Download am 18.09.2010

[9] Büringer, H.: CO_2-Emissionen durch die Stromerzeugung in Baden-Württemberg. Statistisches Monatsheft Baden-Württemberg, Heft 8/ 2007, Stuttgart, 2007

[10] Christian Folke, C.; Kutter, S.; Rode, H.; Möller, B.; Sverige, V.; Irons, R.; Read, A.; Schoenmakers, H.; Huber, P.; Röttgen, K.: E.ON's Current CCS Activities. Proceedings of The 35th International Technical Conference on Clean Coal & Fuel Systems, Florida, USA, 2010

[11] Clarke, Duncan; Debeljak, Branko; de Janeiro, Vasco; Göttlicher, Gerold; Graham, David; Kirkegaard, Niels; Madsen, Michael; Pasini, Sauro; Stortelder, Bennie; Strömberg, Lars; vom Berg, Wolfgang; Hamacher, Volker: CO_2 Capture and Storage VGB Report on the State of the Art. VGB PowerTech e.V., Essen, 2004

[12] IEA Greenhouse R&D Programme: Oxy Combustion Process for CO_2 Capture from Power Plants. Report Nr. 2005/ 9, Juli 2005

[13] Sturgeon, D. W.; Cameron, E. D., Fitzgerald, F. D.: Demonstration of an Oxyfuel Combustion System. 7th European Conference on Coal Research & Its Applications, Cardiff, UK, September 2008

[14] Maier, J.; Mönckert, P.; Dhungel, B.; Scheffknecht, G.: Formation and Destruction of Pollutants in the Oxyfuel Combustion Process. European Conference on CCS Research, Development and Demonstration, Oslo, Norwegen, Februar 2009

[15] Anheden, M.; Jacoby, J.: ENCAP – Experience from the 30 MWth oxyfuel pilot plant. European Conference on CCS Research, Development and Demonstration, Oslo, Norwegen, Februar 2009

[16] Ogrisek, K.; Milles, U.: Kohlekraftwerke mit Kohlenvergasung Projektinfo 09/06, ISSN 0937-8367, 2006

[17] Baumann, H-R., Ullrich, N., Haupt, G., Zimmermann, G., Pruschek, R., Oeljeklaus, G.: IGCC – A Progressive and Profitable Power Plant Technology. PowerGeneration Europe, Mailand, 1998

[18] Tzimas, E.; Cormos, C.-C.; Starr, F.; GarciaCortes, C.: The design of carbon capture IGCC-based plants with hydrogen co-production. GHGT-9, Washington, 2008

[19] Chalupnik; Gade; Göttlicher; Hannes; Renzenbrink; Siepmann; Strauß; Tschaffon; vom Berg; Hamacher: Abscheidung und Speicherung von CO_2 aus Kraftwerken – eine Literaturstudie. VGB, Essen, August 2002

[20] Simmonds, M.; Hurst, P.; Wilkinson, M. B.; Watt, C.; Roberts, C. A.: A Study of Very Large Scale Post Combustion CO_2 Capture at a Refining & Petrochemical Complex. GHGT-6, Kyoto, 2002

[21] Kim, I.; Svendsen, H. F.: heat of absorption in alkanolamine solutions. Ind. Chem. Eng. Res., Norwegen, 2006

[22] Knudsen, J.; Vilhelmsen, P.-J.; Jensen, J. N.; Biede, O.: First year operation experience with a 1t/h CO_2 absorption pilot plant at Esbjerg coal-fired power plant. GHGT-8, Norwegen, Juni 2006

[23] Göttlicher, G.: Energetik der Kohlendioxidrückhaltung in Kraftwerken. Universität Essen, Dissertation, VDI, 1999

[24] Chen, J.; Liu, C.; Yuan, X.; Yu, G.:CFD Simulation of Flow and Mass Transfer in Structured Packing Distillation Columns. Chinese Journal of Chemical Engineering, Vol. 17, Nr. 3, 2009

[25] Iijima, M.: CO_2 Recovery from Flue Gas Using Hindered Amines. 1st Regional Symposium on Carbon Management, Saudi Arabien, Mai 2006

[26] Alix, P.; Raynal, L.: Liquid distribution and liquid hold-up of a high capacity structured packing. GHGT-8, Norwegen, Juni 2006

[27] Kim, I.; Ma'mun, S.; Tobiesen, F. A.; Svendsen, H. F.: determination of the enthalpies of absorption of CO_2 in aqueous solutions of MEA, MDEA and AEEA. GHGT-8, Norwegen, Juni 2006

[28] Iijima, E.M.: Coal fired pilot plant and multipollutant control. 11th meeting of the international post-combustion CO_2 capture network, Wien, 2008

[29] Chapel, D. G.; Mariz, C. L.; Ernest, J.: Recovery of CO_2 from Flue Gases: Commercial Trends. Canadian Society of Chemical Engineers annual meeting, Kanada, Oktober 1999

[30] Tobiesen, A.; Mejdell, T.; Svendsen, H. F.; Vilhelmsen, P.-J.; Nørklit Jensen, J.; Knudsen, J.; Biede, O.: A comparative study of experimental and modeling performance results from the CASTOR Esbjerg Pilot plant. GHGT-8, Norwegen, Juni 2006

[31] Burkhardt, T.; Camy-Portenabe, J.; Fradet, A.; Tobiesen, A.; Svendsen, H. F.: Optimization of the process loop for CO_2 capture by solvents, GHGT-8, Norwegen, Juni 2006

[32] Freguia; Rochelle: Modelling of CO_2 capture by aqueous monoethanolamine. AIChE Journal, Vol. 49 Nr 7, Seite 1676 – 1686, Juli 2003

[33] Asprion, N.: Non-equilibrium rate-based simulation of reactive systems: simulation model, heat transfer, and influence of film discretization. Industrial and Engineering Chemistry Research, Nr. 45, Seite 2054 – 2069, 2006

[34] Brechtel, K.; Thorwarth, H.; Scheffknecht, G.: Simulation der CO_2-Abtrennung aus Kraftwerksabgasen mit Aminen – Randbedingungen und Modellierung. 38. Kraftwerkstechnisches Kolloquium Dresden, Dresden, 2006

[35] Kohl, A.L.; Nielsen, R.B.: Gas Purfication. Gulf Publ. Co., 5. Aufl., Houston, 1997

[36] Cross, C.; Edwards, D.; Santos, J.; Steward, E.: Gas Treating Through the Accurate Process Modeling of Speciality Amine Plants. Laurence Reid Gas Conditioning Conference, Norman, März 1990

[37] DuPart, M.S.; Bacon, T.R.; Edwards, D.J.: Understanding Corrosion in Alkanolamine Gas Treating Plants. Hydrocarbon Processing, Bd. 72, S. 89-94, 1993

[38] Hasse, H.; Notz, R.; Asprion, N.; Clausen, I.: Wohin mit dem CO_2 – ist die CO_2-Sequestrierung ein alternativer Weg zum Klimaschutz? Dechema-Kolloqium, Frankfurt, 2005

[39] Notz, R.: CO_2-Abtrennung aus Kraftwerksabgasen mittels Reaktivabsorption. Dissertation, Stuttgart, 2010

[40] Arlt, W.; Rolker, J.: Abtrennung von Kohlendioxid aus Rauchgasen mittels Absorption. Chemie Ingenieur Technik, Vol. 4, S. 416-424, 2006

[41] Roberts, C.A.; Ginnins, J.; Panesar, R.; Kelsall, G: Potential for Improvement in Power Generation with Post-Combustion Capture of CO_2. GHGT-7, Canada, 2004

[42] Iijima, E.M.; Ishida, K.; Takashina, T.; Tanaka, T.; Hirata, T.; Yonekawa, T: Carbon Capture Technology for Coal-Fired Boiler. GHGT-7, Canada, 2004

[43] Galindo Cifre, P.; Brechtel, K.; Hoch, S.; García, H.; Asprion, N.; Hasse, H.; Scheffknecht, G.: Integration of a chemical process model in a power plant modelling tool for the simulation of an amine based CO_2 scrubber. 7th European Conference on Coal Research & Its Applications, England, 2008

[44] Oexmann, J.; Linnenberg, S., Kather, A.: POSEIDON: Optimierung und Integration der Post-Combustion CO_2-Abtrennung in den Gesamtkraftwerksprozess. COORETEC Statusseminar, Großkotzenburg, Oktober 2009

[45] Stoffregen, T.: Post Combustion Capture – Herausforderungen für den Anlagenbau. Tagungsunterlagen COORETEC AG2 Meeting, München, 2009

[46] Kremer, H.: Steam Power Plants of the latest technology with post combustion carbon capture. Hannover Messe, 2008

[47] Schneider, R.: CO_2-Wäsche für den großtechnischen kommerziellen Einsatz. Kooperationsforum – Bayern Innovativ, München, 2009

[48] Rochelle, G.; Bishnoi, S.; Chi, S.; Dang, H.; Santos, J.: Research Needs for Capture from Flue Gas by Aqueous Absorption/ Stripping. Final Report for P.O. No. DE-AF26-99FT01029, Pittsburgh, 2001

[49] Asprion, N.: CO_2 Post Combustion Capture by Absorption. Dechema, Frankfurt, 2008

[50] Idem, R.; Gelowitz, D.; Tontiwachwuthikul, P.: Evaluation of the Performance of Various Amine Based Solvents in an Optimized Multipurpose Technology Development Pilot Plant. GHGT-9, Washington, 2008

[51] Rolker, J.; Arlt, W.: Abtrennung von Kohlendioxid aus Rauchgasen mittels Absorption. Chemie Ingenieur Technik, Vol. 78, Nr. 4, 2006

[52] Gupta, M.; Coyle, I.; Thambimuthu, K.: CO_2 capture technologies and opportunities in Canada. 1st Canadian CC&S Technology Roadmap Workshop, Calgary, September 2003

[53] Giesen, R.; Mathematische Modellierung des MDEA-Absorptionsprozesses. Dissertation, Universität Aachen, 2004

[54] Scheiman, M. A.: A review of Monoethanolamine chemistry. Surface Chemistry Branch, Washington, 1952

[55] da Silva, E. F., Svendsen, H. F.: chemistry of solvents for CO_2 capture. GHGT-8, Norwegen, Juni 2006

[56] Caplow, M.: Kinetics of carbamate formation and breakdown. J. Am. Chem. Soc., Vol. 90, 1968

[57] Crooks, J. E.; Donnellan, J. P.: Kinetics and mechanism of the reaction between carbon dioxide and amines in aqueous solution. J. Chem. Soc., Perkins Trans. 2, 1989

[58] da Silva, E. F.; Svendsen, H. F.: The chemistry of CO_2 absorption in amine solutions studied by computational chemistry. Norwegen, 2004

[59] da Silva, E. F.: Computational chemistry study of solvents for carbon dioxide absorption. Dissertation, Norwegian University of Science and Technology, August 2005

[60] Sharma, M. M., Danckwerts, P. V.: Catalysis by Bronsted bases of the reaction between CO_2 and water. Trans. Faraday Soc., Vol. 59, 1963

[61] Donaldson, T.L., Nguyen, Y.N.: Carbon dioxide reaction kinetics and transport in aqueous amine membranes. Ind. Eng. Chem. Fundam. Bd. 19, 1980

[62] Veawab, A.; Aroonwilas, A.; Chakma, A.; Tontiwachwuthikul, P.: Solvent Formulation for CO_2 Separation from Flue Gas Streams. First National Conference on Carbon Sequestration, Pittsburgh, 2001

[63] Chakma, A.: CO_2 capture processes - opportunities for improved energy efficiencies. Energy Convers. Mgmt., Vol. 38, 1997

[64] Hook, R. J.: An investigation of some hindered amines as potential carbon dioxide scrubbing compounds. Ind. Eng. Chem. Res., Vol. 36, 1997

[65] Abu-Zahra, M. R. M., Niederer, J. P. M., Feron, P. H. M., Versteeg, G. F.: The technical and economical analysis of CO_2 capture based on an absorption/ desorption process using mono-ethanolamine. CASTOR-Report, 2005

[66] Sexton, A., Rochelle, G. T.: Oxidation products of amines in CO_2 capture. GHGT-8, Norwegen, Juni 2006

[67] Chi, S., Rochelle, G. T.: Oxidative degradation of Monoethanolamine, 1st Nat. Conf., Washington, Mai 2001

[68] Reddy, S.; Johnson, D.: Econamine FG Plus^SM. Technology for CO_2 capture at coal-fired power plants. 11th Meeting of the international post-combustion CO_2 capture network, Wien, 2008

[69] BImSchV: 13. Bundes-Immissions-Schutzverordnung – Verordnung über Großfeuerungs- und Gasturbinenanlagen. Fassung vom 4. April 2004, Köln, 2004

[70] Scheffknecht, G.: Vorlesungsskript Energie und Umwelt, Stuttgart, 2009

[71] Sexton, A.; Rochelle, G. T.: Oxidation products of amines in CO_2 capture. GHGT-8, Norwegen, Juni 2006

[72] Greim, H.; Modlinger, U.: Nitrosamine Entstehung, Belastung des Menschen und mögliche biologische Auswirkungen. Forstwissenschaftliches Centralblatt, Vol. 110 Nr. 1, Dezember 1991

[73] Pedersen, S.; Sjovoll, M.; Fostas, B.: Flue gas degradation of amines. IEA GHG workshop Environmental Impact of Amine Emission During Post-Combustion Capture, Norwegen, Februar 2010

[74] Attalla, M.; Azzi, M.: Environmental Impact of Atmospheric Emissions from Amine-base Post-Combustion CO_2 Capture. IEA GHG workshop Environmental Impact of Amine Emission During Post-Combustion Capture, Norwegen, Februar 2010

[75] Reddy, S.: Econamine FG+ Process: Recent Advances in Emissions Control. IEA GHG workshop Environmental Impact of Amine Emission During Post-Combustion Capture, Norwegen, Februar 2010

[76] Kamijo: MHI Amine Emission Control Technology. IEA GHG workshop Environmental Impact of Amine Emission During Post-Combustion Capture, Norwegen, Februar 2010

[77] Notz, R., Hoch, S., Mangalapally, H., Brechtel, K., Galindo Cifre, P., Scheffknecht, G., Hasse H.: Gekoppelte Simulation eines Kohlekraftwerks mit zugehöriger MEA-Wäsche zur CO_2-Abtrennung und experimentelle Untersuchung neuer Lösungsmittel in einer Technikumsanlage. ProcessNet-Jahrestagung, Karlsruhe, Oktober 2008

[78] Kather, A.; Oexmann, J.; Liebenthal, U.; Linnenberg, S.: Using Overall Process Simulation to Minimize the Energy Penalty of Post-Combustion CO_2 Capture Processes in Steam Power Plants. Proceedings of The 35th International Technical Conference on Clean Coal & Fuel Systems, USA, Juni 2010

[79] Tobiesen, A., Mejdell, T., Svendsen, H. F. A comparative study of experimental and modelling performance results from the CASTOR Esbjerg pilot plant. GHGT-8, Norwegen, Juni 2006

[80] Galindo-Cifre, P.; Brechtel, K.; Unterberger, S.; Scheffknecht, G.: Experimental studies on CO_2 desorption from amine solutions. CCT 2009, Dresden, 2009

[81] Tobiesen F.A., Juliussen, O., Svendsen, H.F.: Experimental validation of a rigorous desorber model for CO_2 post-combustion capture. Chemical Engineering Science, Vol. 63, 2006

[82] Asprion, N.: CO_2 flue gas treatment. ACHEMA 2009, Frankfurt, 2009

[83] Hawkins, D.; Peridas, G.; Steelman, J.: Twelve years after Sleipner: moving CCS from hype to pipe. GHGT-9, Washington, 2008

[84] Oye, K. S.: Geological CO_2 Storage Assurance: Sleipner, In Salah and Snohvit. The 4th Trondheim conference on CO_2 capture, transport and storage, Norwegen, 2007

[85] Soltanieh, M.; Moradian, A.: Feasibility study of carbon dioxide capture from power plants and other major stationary sources and storage in Iranian oil fields for enhanced oil recovery (EOR). GHGT-9, Washington, 2008

[86] Ramachandran, R.; Limbach, K. W.; Hwang, S.-C.: Enhanced oil recovery methode using CO_2 injection. Patent Nr. EP 1258595 A2, 2002

[87] Mak, J.; Heaven, D.; Kubek, D.; Sharp, C.; Clark, M.: Synthesis gas purification in gasification to ammonia-urea complex. Gasification Technologies Conference, 2004

[88] Mitsubishi Heavy Industries Ltd: MHI to license flue gas carbon dioxide recovery technology to India's largest urea fertilizer producer – world-class recovery capacity of 450 tons/ day. Pressemitteilung Nr. 1059, Japan, 2005

[89] Alie, C. F.: CO_2 capture with MEA: integrating the absorption process and steam cycle of an existing coal-fired power plant. Masterarbeit, Canada, 2004

[90] Mariz, C.L.: Carbon Dioxide recovery: Large scale design trends. The Journal of Canadian Petroleum Technology, Vol. 37, No. 7, 1998

[91] Sander, M.T.; Mariz, C.L.: The Fluor Daniel Econamine FG process: past experience and present day focus. Energy Convers. Mgmt., Vol. 33, 1992

[92] Reddy, S.; Scherffius, J.; Freguia, S.; Viejo, A.; Roberts, C.: Fluor's Econamine FG Plus Technology – An Enhanced Amine-Based CO_2 Capture Process. Second National Conference on Carbon Sequestration, Alexandria, May 5-8, 2003

[93] Feron, P.: Solvent technology under development outside CASTOR. CASTOR-Report, Niederlande, 2005

[94] Mitsubishi Heavy Industries Ltd.: Laboratory Test Data. Japan, 2004

[95] Roberts, C.A.; Ginnins, J.; Panesar, R.; Kelsall, G: Potential for improvement in power generation with post-combustion capture of CO_2, GHGT-7, Canada, 2004

[96] Iijima, E.M.; Ishida, K.; Takashina, T.; Tanaka, T.; Hirata, T.; Yonekawa, T: Carbon capture technology for coal-fired boiler. GHGT-7, Canada, 2004

[97] Cansolv Technologies Inc.: Cansolv solvents. URL: http://www.cansolv.com/en/cansolvsolvants.ch2. Download am 03.05.2009

[98] Hakka, L.E.; Ouimet, M.A.: Method for recovery of CO2 form gas streams. Patent US 2004/ 0253159

[99] Praxair Inc.: Carbon dioxide recovery with composite amine blends. Patent US 6165433

[100] Chakravarti, S.; Gupta, A.; Hunek, B.: Advanced technology for the capture of carbon dioxide from flue gases. First National Conference on Carbon Sequestration, Washington, 2001

[101] Schneider, R.: CO_2-Wäsche für den großtechnischen kommerziellen Einsatz. Kooperationsforum – Bayern Innovativ, München, 2009

[102] Jockenhövel, T.; Schneider, R.; Sandell, M.; Schlüter, L.: Optimal Power Plant Integration of Post-Combustion CO_2 Capture. Power-Gen Europe, Köln, 2009

[103] Peltier, R.: Alstom's chilled ammonia CO_2-capture process advances toward commercialization. URL: http://www.powermag.com/instrumentation_and_controls/Alstoms-chilled-ammonia-CO_2-capture-process-advances-toward-commercialization_86.html 2008, download am 15.04.2009

[104] Rhudy, R.; Black, J.: Chilled Ammonia Process, Update. CO_2 Capture Network, Frankreich, 2007

[105] Hasse, H., Notz, R., Asprion, N., Clausen, I. :Wohin mit dem CO_2 – ist die CO_2-Sequestrierung ein alternativer Weg zum Klimaschutz?. Dechema-Kolloquium, Frankfurt, 2005

[106] Ma'mun, S.; Juliussen, O.; Hoff, K. A.; Kim, I.; Svendsen, H. F.: Absorption of carbon dioxide using aqueous 30 mass % 2-((2-aminoethyl)amino)ethanol solution. GHGT-9, Washington, 2008

[107] Singh, P.; Niederer, J.; Versteeg, G.: Structure and Activity Relationships for Amine Based CO_2 Absorbents. International Journal of Greenhouse Gas Control, Vol. 1, Nr. 1, April 2007

[108] Ma'mun, S.; Svendsen, H. F.; Hoff, K. A.; Juliussen, O.: Selection of new absorbents for carbon dioxide capture. Energy Convers. and Mgmt., Vol. 48 Nr. 1, 2007

[109] Chakraborty, A. K.; Bischoff, K. B.; Astarita, G.; Damewood, J. R., Jr.: Molecular orbital approach to substituent effects in amine-CO_2 interactions. J. Am. Chem. Soc., Vol. 110, 1988

[110] Sartori, G.; Savage, D. W.: Sterically hindered amines for CO_2 removal from gases. Ind. Eng. Chem. Fundam., Vol. 22, 1983

[111] Aroonwilas, A.; Veawab,: A.: Cost, energy consumption and performance of CO_2 capture process using MDEA and DEA-MDEA. GHGT-8, Norwegen, 2006

[112] Aroonwilas, A.; Veawab,: A.: energy requirement for solvent regeneration in CO_2 capture plants. 9th international CO_2 capture network, Dänemark, 2006

[113] Aroonwilas, A.; Veawab, A.: Integration of CO_2 capture unit using single- and blended-amines into supercritical coal-fired power plants implications for emission and energy management. International Journal of Greenhouse Gas Control, Seite 143-150, 2007

[114] Yokoyama, T.: Japanese R&D on large-scale CO_2 capture. ECI conference on separations technology, Australien, 2006

[115] Freguia, S.; Rochelle, G. T.: Modeling of CO_2 capture by aqueous Monoethanolamine. AIChE Journal, Vol. 49 Nr. 7, Juli 2003

[116] Svendsen, H. F.; Luo, X.; Knudsen, J. N.; de Montigny, D.; Sanpasertparnich, T.; Idem, R.; Gelowitz, D.; Notz, R.; Hoch, S.; Hasse, H.; Lemaire, E.; Alix, P.; Tobiesen, A.; Juliussen, O.; Köpcke, M.: CAPRICE: Pilot Plant Data Validation. European Conference on CCS Research, Development and Demonstration, Norwegen, Februar 2009

[117] Idem, R.; Wilson, M.; Tontiwachwuthikul, P.; Chakma, A.; Veawab, A.; Aroonwilas, A.; Gelowitz, D.: Pilot plant studies of the CO_2 capture performance of aqueous MEA and mixed MEA/ MDEA solvents at the University of Regina CO_2 capture technology development plant and the Boundary Dam CO_2 capture demonstration plant. Ind. Eng. Chem. Res., Vol. 45, 2006

[118] Notz, R.; Asprion, N.; Clausen, I.; Hasse, H.: Selection and pilot plant tests of new absorbents for post combustion carbon dioxide capture. Distillation and Absorption, England, 2008

[119] RITE: Novel absorbents for CO_2 capture from gas stream. 9th international CO_2 capture network, Dänemark, 2006

[120] Simmonds, M.; Hurst, P.: Post combustion technologies for CO_2 capture: a techno-economic overview of selected options. GHGT-7, Vancouver, 2004

[121] Feron, P. H. M.: Progress in post-combustion CO_2 capture. European CO_2 capture and storage conference towards zero emission power plants, Belgien, 2005

[122] Jockenhoevel, T.; Schneider, R.; Rode, H.: Development of an Economic Post-Combustion Carbon Capture Process. GHGT-9, Washington, 2008

[123] RWE Power AG: CO_2-Wäsche: Modernster Klimaschutz für Kohlekraftwerke. URL: http://www.rwe.com/web/cms/mediablob/de/208346/data/213186/45293/rwe-power-ag/innovationen/innovationszentrum-kohle/co2-waesche/Broschue-

re-CO2-Waesche-Modernster-Klimaschutz-fuer-Kohlekraftwerke.pdf Download am 18.11.2009

[124] RWE Power AG: CO_2-Wäsche. URL: http://www.rwe.com/web/cms/de/2734 /rwe/innovationen/stromerzeugung/clean-coal/co2-waesche/, Download am 10.05.2009

[125] RWE: CO_2 – Abscheidung und –Speicherung. URL: http://www.rwe.com/web/ cms/de/2756/rwe/innovationen/stromerzeugung/clean-coal/co2-waesche-uk/, Download am 10.05.2009

[126] RWE Power AG: Das RWE-Algenprojekt. URL: http://www.rwe.com/web/cms/ de/2652/rwe/innovationen/stromerzeugung/clean-coal/algenprojekt/, Download am 10.05.2009

[127] E.ON Energie AG: CO_2-Abtrennung und –Speicherung. URL: http://www.eon. com/de/unternehmen/26504.jsp, Download am 10.05.2009

[128] E.ON Energie AG: E.ON Energie: Drei neue Pilotprojekte zur Weiterentwicklung der CO_2-Abscheidung. Pressemitteilung vom 03.07.2008

[129] E.ON Energie AG: Post-Combustion-Capture Projekte für seine saubere Zukunft der Energie. URL: http://www.eon.com/de/unternehmen/26498.jsp, Download am 10.05.2009

[130] Nell, L.; Huizeling, E.; van Egmond, S.: Pilot plant factsheet. URL: http://www.co2-cato.nl/cato-download/607/20090917_123325_080704_-_CO2_Catcher_Fact_Sht.pdf, Download am 18.01.2010

[131] Winthaegen, P.: The follow up of CATO. URL: http://www.co2-cato.nl/modules.php?name=CATO&page=80, Download am 28.06.2009

[132] Bergins, Ch.: Post-combustion CO_2-capturing: Entwicklungsstrategie und Teilaufgaben. Anwenderforum Power Plant Technology Hannover Messe, Hannover, 22.04.2009

[133] Vattenfall Europe Generation AG: Die Demonstrationskraftwerke. URL: http://www.vattenfall.de/www/vf/vf_de/225583xberx/228227umwel/228407klima/228587co2-f/ 1434925unter/index.jsp, Download am 10.05.2009

[134] IZ Klima: CCS Monitor Newsletter 05/2010. URL: http://www.iz-klima.de/service/newsletter/newsletter-juni-2010/ccsmonitor-05-2010/ Download am 28.05.2010

[135] EnBW Energie Baden Württemberg AG: Innovationsbericht 2010. Karlsruhe, April 2010

[136] EnBW AG: EnBW untersucht neuartige Algenzucht zur CO_2-Bindung. URL: http://www.enbw.com/content/de/presse/pressemitteilungen/2008/07/PM_20080716_FE_mw01/index.jsp, Download am 10.05.2009

[137] Barbucci, P.: CO_2 Capture and Storage – An utility view. 3rd International Symposium on Capture and geological storage of CO_2, Paris, 5. November 2009

[138] ENI: The CCS pilot project in Italy. Pressemitteilung, URL: http://www.eni.com/en_IT/sustainability/climate-change-energy-efficiency/carbon-sequestration/pilot-project/pilot-project.shtml, Download am 20.06.2008

[139] Kaarstad, O.: The Sleipner Project. IEA Asia Pacific Conference on Zero Emissions Technologies, Australia, 2004

[140] IEA Greenhous Gas R&D Programme: CO_2 Capture and Storage Project Details. England, 2009

[141] Mariz, C. L.; DeHart, T. R.; Hansen, D. A.: Solving Corrosion Problems at the NEA Bellingham, Massachusetts Carbon Dioxide Recovery Plant. CORROSION 99, USA, 25.-30. April 1999

[142] In Salah Gas: About the In Salah Project. URL: http://www.insalahco2.com/index.php?option=com_contact&view=contact&id=1&Itemid=58&lang=fr. Download am 02.02.10

[143] Aroonwilas, A.; Veawab, A.: CO_2 capture by blended alkanolamines: experiments, modelling & simulation, cost analysis. 8th Meeting of the international post-combustion CO_2 capture network, USA, 2005

[144] Fohrer; Schmalz: Trinkwasser. Vorlesungsskript Hydrologie und Wasserwirtschaft, Universität Kiel, 2007

[145] Ohle, Andrea: CO_2-Abtrennung aus Gasströmen durch Absorption in Poly(methyldiglykol)amin. Dissertation, Dresden, 2009